新疆棉花揭膜栽培技术研究

杨相昆 著

西北农林科技大学出版社

图书在版编目(CIP)数据

新疆棉花揭膜栽培技术研究/杨相昆著. —杨凌:西北农林科技大学出版社,2019.7
ISBN 978-7-5683-0699-7

Ⅰ.①新… Ⅱ.①杨… Ⅲ.①地膜棉—栽培技术 Ⅳ.①S562

中国版本图书馆 CIP 数据核字(2019)第 156486 号

新疆棉花揭膜栽培技术研究

杨相昆　著

出版发行	西北农林科技大学出版社
地　　址	陕西杨凌杨武路 3 号　　邮　编:712100
电　　话	总编室:029—87093195　　发行部:87093302
电子邮箱	press0809@163.com
印　　刷	陕西天地印刷有限公司
版　　次	2019 年 8 月第 1 版
印　　次	2019 年 8 月第 1 次印刷
开　　本	787 mm×1092 mm　　1/16
印　　张	9　　彩插:18
字　　数	249 千字

ISBN 978-7-5683-0699-7

定价:35.00 元

本书如有印装质量问题,请与本社联系

目　　录

第1章　绪　论 …………………………………………………………（1）
　1　研究背景 ……………………………………………………………（1）
　2　国内外研究现状 ……………………………………………………（1）
　　2.1　残膜污染治理途径研究现状 …………………………………（1）
　　2.2　新疆滴灌棉田揭膜研究现状 …………………………………（2）
　　2.3　滴灌棉田土壤微环境变化动态及对棉花生长发育的影响 …（3）
　3　待研究问题的提出 …………………………………………………（4）
　4　本研究的目的及意义 ………………………………………………（4）
　5　主要研究内容和技术路线 …………………………………………（4）
　　5.1　主要研究内容 …………………………………………………（4）
　　5.2　技术路线 ………………………………………………………（5）
第2章　试验设计 ………………………………………………………（7）
　1　试验区概况 …………………………………………………………（7）
　2　试验设计 ……………………………………………………………（7）
　3　种植模式及田间管理 ………………………………………………（9）
第3章　不同时期揭膜对棉田土壤温度的影响 ………………………（11）
　1　材料与方法 …………………………………………………………（12）
　　1.1　样品采集与测定 ………………………………………………（12）
　　1.2　数据处理 ………………………………………………………（13）
　2　结果与分析 …………………………………………………………（13）
　　2.1　不同时期揭膜对棉田土壤平均温度的影响 …………………（13）
　　2.2　不同时期揭膜棉田土壤温度日变化 …………………………（15）
　　2.3　不同时期揭膜对棉田土壤温差的影响 ………………………（15）
　　2.4　不同生育时期棉田土壤温度三维分布特征 …………………（19）
　3　讨论 …………………………………………………………………（19）
　4　小结 …………………………………………………………………（22）
第4章　揭膜条件下滴灌棉田水盐时空变化动态 ……………………（24）
　1　材料与方法 …………………………………………………………（24）
　　1.1　样品采集与测定 ………………………………………………（24）
　　1.2　数据处理 ………………………………………………………（25）
　2　结果与分析 …………………………………………………………（25）
　　2.1　揭膜对不同土层体积含水率的影响 …………………………（25）

　　　　2.2　揭膜条件下棉花典型生育期土壤水分三维分布特征 ……………（26）
　　　　2.3　揭膜条件下不同土层总盐含量动态变化 …………………………（30）
　　　　2.4　揭膜条件下棉花典型生育期土壤盐分三维分布特征 ……………（34）
　　3　讨论 ………………………………………………………………………（36）
　　　　3.1　揭膜对土壤水分的影响 ……………………………………………（36）
　　　　3.2　揭膜对土壤盐分的影响 ……………………………………………（37）
　　4　小结 ………………………………………………………………………（38）
第5章　揭膜条件下棉花养分吸收与土壤养分变化 ………………………………（39）
　　1　材料与方法 ………………………………………………………………（39）
　　　　1.1　样品采集与测定 ……………………………………………………（39）
　　　　1.2　数据处理 ……………………………………………………………（40）
　　2　结果与分析 ………………………………………………………………（40）
　　　　2.1　揭膜条件下棉花生育期内土壤有机质含量变化 …………………（40）
　　　　2.2　揭膜条件下棉花生育期内土壤全氮、全磷、全钾含量变化 ……（42）
　　　　2.3　揭膜条件下棉花生育期内土壤速效氮、磷、钾含量变化 ………（45）
　　　　2.4　揭膜条件下棉花生育期末土壤速效氮、磷、钾三维分布 ………（45）
　　　　2.5　揭膜条件下棉田土壤速效氮、磷、钾含量动态变化 ……………（48）
　　　　2.6　揭膜条件下棉花植株氮、磷、钾含量动态变化 …………………（49）
　　　　2.7　揭膜条件下棉花植株氮、磷、钾积累量动态变化 ………………（49）
　　　　2.8　揭膜条件下棉花成熟期各器官养分积累与分配 …………………（52）
　　3　讨论 ………………………………………………………………………（58）
　　　　3.1　不同时期揭膜对土壤养分变化的影响 ……………………………（58）
　　　　3.2　不同时期揭膜对棉花养分积累与分配的影响 ……………………（58）
　　4　小结 ………………………………………………………………………（59）
第6章　不同时期揭膜对棉花根系形态及干物质积累的影响 ……………………（60）
　　1　材料与方法 ………………………………………………………………（61）
　　　　1.1　样品采集与测定 ……………………………………………………（61）
　　　　1.2　数据处理 ……………………………………………………………（62）
　　2　结果与分析 ………………………………………………………………（62）
　　　　2.1　揭膜对棉花根长密度的影响 ………………………………………（62）
　　　　2.2　揭膜对棉花根表面积密度的影响 …………………………………（63）
　　　　2.3　揭膜对棉花根体积密度的影响 ……………………………………（65）
　　　　2.4　揭膜对棉花根干重密度的影响 ……………………………………（67）
　　　　2.5　揭膜对棉花不同直径根系分布比例的影响 ………………………（68）
　　　　2.6　揭膜对棉花根冠比的影响 …………………………………………（69）
　　　　2.7　揭膜对棉花根系干物质积累的影响 ………………………………（69）
　　　　2.8　揭膜对棉花根系活力的影响 ………………………………………（72）
　　3　讨论 ………………………………………………………………………（73）

　　　　3.1　不同时期揭膜条件下棉花根系形态差异分析 ……………………（73）
　　　　3.2　不同时期揭膜条件下棉花干物质积累差异分析 ……………………（74）
　　4　小结 ……………………………………………………………………（75）
第7章　不同时期揭膜对棉花气体交换特征及叶绿素荧光特性的影响 ……（76）
　　1　材料与方法 ……………………………………………………………（76）
　　　　1.1　样品采集与测定 ………………………………………………（76）
　　　　1.2　数据处理 ………………………………………………………（77）
　　2　结果与分析 ……………………………………………………………（78）
　　　　2.1　揭膜对花后不同时期棉花气体交换参数的影响 ……………（78）
　　　　2.2　净光合速率与其他气体交换参数的相关关系 ………………（83）
　　　　2.3　不同时期揭膜对棉花叶绿素荧光特性的影响 ………………（85）
　　　　2.4　不同揭膜处理下棉花快速光响应曲线特征 …………………（93）
　　3　讨论 ……………………………………………………………………（95）
　　　　3.1　不同时期揭膜对棉花气体交换参数的影响 …………………（95）
　　　　3.2　不同时期揭膜对棉花叶绿素荧光参数的影响 ………………（99）
　　4　小结 …………………………………………………………………（100）
第8章　揭膜条件下棉花叶片保护性酶活性变化 ………………………（102）
　　1　材料与方法 …………………………………………………………（102）
　　　　1.1　样品采集与测定 ……………………………………………（102）
　　　　1.2　数据处理 ……………………………………………………（103）
　　2　结果与分析 …………………………………………………………（103）
　　　　2.1　揭膜条件下棉花叶片叶绿素含量变化 ……………………（103）
　　　　2.2　揭膜条件下棉花叶片类胡萝卜素含量变化 ………………（103）
　　　　2.3　揭膜条件下棉花叶片丙二醛含量变化 ……………………（105）
　　　　2.4　揭膜条件下棉花叶片脯氨酸含量变化 ……………………（106）
　　　　2.5　揭膜条件下棉花叶片过氧化氢酶活性变化 ………………（106）
　　　　2.6　揭膜条件下棉花叶片过氧化物酶活性变化 ………………（106）
　　　　2.7　揭膜条件下棉花叶片超氧化物歧化酶活性变化 …………（107）
　　3　讨论 …………………………………………………………………（108）
　　4　小结 …………………………………………………………………（109）
第9章　不同时期揭膜对棉花群体生理参数的影响 ……………………（110）
　　1　材料与方法 …………………………………………………………（110）
　　　　1.1　样品采集与测定 ……………………………………………（110）
　　　　1.2　数据处理 ……………………………………………………（111）
　　2　结果与分析 …………………………………………………………（111）
　　　　2.1　不同时期揭膜对棉花叶面积指数的影响 …………………（111）
　　　　2.2　不同时期揭膜对棉花光合势的影响 ………………………（112）
　　　　2.3　不同时期揭膜对棉花净同化率的影响 ……………………（112）

　　2.4　不同时期揭膜对棉花冠层结构的影响 ……………………………（112）
　　2.5　不同时期揭膜对棉花冠层光分布的影响 ………………………（114）
　　2.6　不同时期揭膜对棉花干物质积累的影响 ………………………（115）
　　2.7　不同时期揭膜对成熟期棉花不同器官干物质积累与分配的影响 …（118）
　　2.8　不同时期揭膜对棉花产量及品质的影响 ………………………（118）
　3　讨论 ……………………………………………………………………（123）
　　3.1　不同时期揭膜对棉花生长的影响 ………………………………（123）
　　3.2　不同时期揭膜对棉花产量及品质的影响 ………………………（123）
　4　小结 ……………………………………………………………………（124）
第10章　揭膜后不同灌水量对棉花生长的影响 ……………………………（125）
　1　材料与方法 ……………………………………………………………（125）
　　1.1　样品采集与测定 …………………………………………………（125）
　　1.2　数据处理 …………………………………………………………（125）
　2　结果与分析 ……………………………………………………………（125）
　　2.1　揭膜后不同灌水量对棉花冠层结构的影响 ……………………（125）
　　2.2　揭膜后不同灌水量对棉花光合势和净同化率的影响 …………（126）
　　2.3　揭膜后不同灌水量对棉花冠层光分布的影响 …………………（128）
　　2.4　揭膜后不同灌水量对棉花气体交换参数的影响 ………………（128）
　　2.5　揭膜后不同灌水量对棉花干物质积累与分配的影响 …………（129）
　　2.6　揭膜后不同灌水量对棉花产量和品质的影响 …………………（132）
　3　讨论 ……………………………………………………………………（138）
　　3.1　揭膜后不同灌水量对棉花生长的影响 …………………………（138）
　　3.2　揭膜后不同灌水量对棉花产量和品质的影响 …………………（138）
　4　小结 ……………………………………………………………………（139）
第11章　研究结论、创新点及展望 …………………………………………（140）
　1　研究结论 ………………………………………………………………（140）
　2　创新点 …………………………………………………………………（140）
　3　展望 ……………………………………………………………………（140）
参考文献 ……………………………………………………………………（142）

第 1 章　绪　论

1　研究背景

新疆是中国乃至世界上重要的陆地棉和长绒棉种植基地,20 世纪 90 年代开始推广的膜下滴灌技术推动了该地区棉花产业的快速发展,棉花的种植面积从 1990 年的 43.52 万公顷增加到 2015 年的 166.67 万公顷(数据来自新疆统计年鉴)。1990—2013 年,新疆棉花单产年均增长率达到 4.89%,比全国同期增长率高出 1.25 个百分点。据分析,新疆棉花单产的提高对全国单产水平的贡献率达到近 50%(毛树春等,2014)。2013 年,新疆棉花总产占据了全国的 53.9%(毛树春等,2014),2016 年和 2017 年,新疆棉花总产量占全国总产量的比重连续 2 a 超过 70%(国家统计局数据)。

与此同时,由于长期地膜覆盖且没有进行有效的回收,由此带来的残膜污染问题愈发严重(梁志宏和王勇,2012;严昌荣等,2008),目前新疆地膜栽培面积约 300 万公顷,残膜污染面积超过 60%(刘建国等,2010),对棉花生产(李元桥,2016)及农田生态(董合干等,2013;Nkwachukwu et al.,2013;Thompson et al.,2009;Adhikari et al.,2016)造成了严重的危害。研究表明,新疆棉田中每年有 18 kg·hm^{-2} 的地膜残留在土壤中(梁志宏等,2012;严昌荣等,2008),覆膜 20 a 的土壤中平均残留量高达(300.65±49.32)kg·hm^{-2}(严昌荣等,2008)。土壤中大量残膜的存在,阻碍了土壤水分和氮素在土壤中的运移和分布,对作物根系的生长造成阻碍作用(李元桥,2016)。地膜残留导致土壤理化性质恶化,水分分布不均,土壤营养下降。其中在残膜密度为 2 000 kg·hm^{-2} 时,碱解氮、速效磷分别下降55.0%和60.3%。研究表明,新疆地膜残留对棉花产量和土地产生明显影响,覆膜种植 15 年以上的耕地,棉花减产 10%～23%,经济损失巨大(刘建国等,2010),如不及时采取措施,按照现有的地膜残留趋势,则覆膜 68 年左右,即现在往后 38 年,残膜密度将达到 1 000 kg·hm^{-2}(董合干等,2013)。治理残膜污染成为新疆乃至整个干旱半干旱地区农业生产中亟需解决的难题。

2　国内外研究现状

2.1　残膜污染治理途径研究现状

目前解决残膜污染主要有 2 条途径,一是利用可降解地膜替代目前通用的 PE 地膜,二是在棉花收获后利用机械回收地膜。

可降解地膜主要分光降解地膜、生物降解地膜和光/生物降解地膜(又称双降解地膜)这 3 种类型(李忠杰,2006),从 20 世纪 50 年代开始,有公司开始研究光降解地膜,随后,日本、以色列、美国、日本等开始可降解地膜的研究,我国则从 80 年代开始了可降解地膜的研究(李秋洪,1997)。南殿杰等(1994)进行了国内外 30 种不同型号可降解地膜的田间效应研究,结果表明,光降解地膜与普通地膜在增温、保墒、增产方面具有相同的效应,仅自然暴晒后能自然降解,且降解产物无有害物质。唐洪其等(1999)的研究表明:降解地膜具有普通地膜同样的功能,可以代替普通地膜,且对土壤无污染。大量的试验、示范(李秋洪,1997;刘敏,2011;李忠杰,2006;)表明:可降解地膜与普通地膜具有同等的保温、保水、保肥的功效;与利用普通地膜相比,作物的产量差异不明显。

但是目前可降解地膜的推广还存在一定的阻力,一是因为可降解地膜的可控性差,难以准确控制降解的时间;二是因为成本普遍偏高,价格大概是普通聚乙烯地膜的3~4倍,农民难以接受;三是可降解地膜的机械拉力普遍偏弱,影响大面积的机械应用;四是没有政府及环境保护部门制定的强制性环境保护措施和优惠的政策。

我国利用机械回收残膜有3种方法:一是在作物苗期、灌头水前揭膜,代表机型为新疆生产建设兵团研制的4TSM-4苗期收膜机。二是在作物收获后、耕前回收地表残膜,秋后残膜回收机的主要机型有:新疆农垦科学院农机研究所研制的4FS-2茎秆粉碎、地膜回收联合作业机,4QSM-2型残膜回收机;东北农业大学研制的弹齿式残膜回收机等。三是播种前回收地表及耕层内的残膜,代表机型为新疆生产建设兵团研制的1SM-5型密排弹齿式残膜回收机(冯斌等,2003)。

在作物收获后回收地膜,因为现在应用的地膜普遍较薄,经过一个生长期的使用,地膜韧性变差,再加上生育期内灌水,使得地膜与地表粘连在一起,加之地膜上面在播种时覆盖的一部分土,很难达到完全回收。而在播种前耕层内进行回收,因为地膜已经破碎成大小不等的碎片,使得回收率更低。基于上述原因,在生育前期揭除地膜可以为残膜污染治理提供一种全新的思路。

2.2　　新疆滴灌棉田揭膜研究现状

近年来随着政府及团场职工对残膜污染认识的加深,部分团场引导和鼓励职工在棉花生长中期揭除地膜,已有成功的范例:2012-2015年,新疆生产建设兵团第一师的5团、7团、16团、13团,第七师的123团、125团、128团等植棉团场,在6月中下旬到7月初积极开展滴灌棉田揭膜工作,揭净率达到95%以上且不影响产量,各团场每年的揭膜面积在0.067万~0.92万公顷。关于揭膜的理论研究始于20世纪90年代:孔星隆(1992)和汤建(2014)通过比较棉花不同生育期揭膜棉花生长的差异,表明在头水前揭膜棉花单株铃数、单铃重和产量与不揭膜差异不大。张俊业(1986)研究表明,花期揭膜有利于棉花优质高产。张俊业(1986)和牛生和等(2007)通过比较7月中旬到8月下旬揭膜与不揭膜温度的差异发现,此时地膜的增温效果已不明显,最佳揭膜时间为6月30日,若过早揭膜,则棉花始终处于相对缺水状态,对棉花成铃影响较大。部分学者(朱继杰等,2013;宿俊吉等,2011;肖光顺等,2009)对揭膜后棉花生理和根际温度进行研究发现,揭膜条件下根际温度较覆膜平均低0.48℃,头水后揭膜有利于棉花根系下扎,单株铃数增多,叶片中可溶性蛋白和叶绿素的含量增加,揭膜对株高、蕾数、根系干重的影响较显著,对产量形成因子成铃数、铃重和衣分的影响不明显,部分品质性状优于覆膜处理,促进棉花后期发育,延缓早衰,当年地膜回收率达到85.56%。夏智汛与张燕(1994)的研究结果与上述有所不同:灌水前揭膜比膜上灌0~35 cm土层的土壤含水量平均低18.2%,最多的降低 30%,产量下降 13.9%。

综上所述,滴灌棉田适时揭膜在部分团场已有成功范例,但缺乏理论和技术支持,棉花揭膜后的水肥管理给团场职工带了一定的困难。而现有的理论较少,缺乏系统性深入研究。本文将系统研究揭膜后土壤微环境的变化,以及对土壤水盐运移规律及棉花根系建成的影响,建立水肥管理模式,为团场职工提供技术支撑。

2.3 滴灌棉田土壤微环境变化动态及对棉花生长发育的影响

根系与土壤直接接触,是土壤-植物-大气连续系统中连接植物和土壤的重要纽带,其形态和空间构型直接影响植物对养分、水分以及生理活性物质的吸收、同化与转化,从而影响作物的生长发育与产量、品质(Yang et al.,2004;Ahsan et al.,2007)。针对滴灌条件下棉花根系的生长发育规律和根系构型的研究较为清晰(平文超等,2012;蔡利华等,2015;王允喜等,2012;危常州等,2002;胡守林等,2006)。根系生物量的积累呈 S 形曲线,主要分布在 0~30 cm 土层内,80% 以上的根量集中在植株两侧 0~15 cm 土体内,膜内根系的分布量显著高于膜间的根系分布量。露地与覆膜条件下棉花根系的建成过程具有共同的规律,覆膜条件下棉花根系的生长速度在生育前期大于露地栽培,在生育后期小于露地栽培,棉株生长容易出现早衰现象(李永山等,1992)。

膜下滴灌形成的水、热、气、盐等土壤环境对根系发育影响显著,同时其他外界环境条件也影响棉花的生长和分布(Croft et al.,2012;胡晓棠,2007)。

水分是农业生产发展的主要因素,根系对土壤的湿度反应很敏感,土壤含水量影响根系的形成、分布、吸收及生理活性(胡守林等,2006;Hanson et al.,2006;Sampathkumar et al.,2012)。滴灌棉田水分运移规律相关研究表明,水分含量最大在滴灌带正下方,膜间最小。10~40 cm 土壤含水量变化最剧烈,40~100 cm 土壤含水量变化小,且幅度小(崔静等,2010)。不同土层土壤含水量随棉花生育进程呈现先增长后下降又上升的规律(朱友娟等,2007)。关于水分对棉花根系分布的影响研究较多(危常州等,2002;闫映宇等,2008;罗宏海等,2010;方怡向等,2007;胡晓棠等,2009);在不同生育期棉花根系发育对水分的需求不同。水分亏缺(轻度干旱)在量上抑制根系生长,但提高了 40~100 cm 土层根系分布的比例和根系活力。75% 田间持水量属于棉花适宜土壤含水量范围,进入花铃期应保持田间最大持水量的 80%,较少的灌水量迫使根系向深处生长,表现出适应性反应。

新疆的地理位置及气候条件,使得新疆的农田盐渍化较为严重,膜下滴灌除了保温保湿,还有一个重要的作用就是抑盐。滴灌棉田盐分运移规律研究(虎胆·吐马尔白等,2011;牟洪臣等,2011;弋鹏飞等,2010;赵永成等,2015;王振华等,2014)表明:滴灌棉田在膜内 0~20 cm 土层脱盐,40~80 cm 土层积盐;膜间裸地盐分表聚,各土层含盐率随滴灌年限的延长相应增加,并且在 60~100 cm 处集聚的趋势显著。膜下滴灌 15 年的棉田,土壤盐分随生育阶段变化幅度较大,呈现中度盐化土特征。根系的生长发育对土壤盐分变化较为敏感(马献发等,2011),随着灌溉水矿化度的升高,根干重、根半径、根长和根表面积均表现为增大趋势。在低盐环境下,棉花根系优先向下生长,而在高盐环境下,棉花根系向下生长缓慢。

滴灌棉田揭膜后必将引起土壤盐分运移规律的变化,阐明棉田揭膜后的水盐运移规律,合理安排灌溉定额及频次,有利于棉花生育期内排盐,为根系创造更加良好的条件。

土壤养分对根系具有一定的调控作用(谢志良等,2010),蔡利华等(2015)研究表明,增加氮肥的供应可使棉花根、冠生物量增加,增强根系活性,根冠比下降;平均根长密度、根表面积指数随施氮量的增加而明显增加。王海江(2009)研究表明,棉花灌水前 0～20 cm 土层水平方向速效磷钾含量变化波动幅度较大,滴肥前后水平方向上土壤养分差异不明显,垂直 30 cm 内土层有效氮磷钾养分差异不显著,0～30 cm 土层与 30 cm 以下土层的养分差异显著。耕层土壤速效磷钾含量苗期上升,盛蕾期达最大值,呈直线缓慢递减。膜下滴灌条件下棉田土壤养分含量在空间上趋于均一,空间变异程度低。

综上所述,膜下滴灌形成的土壤微环境的相互作用影响棉花根系的发育,揭膜引起的土壤微环境变化是本研究的切入点,我们可借鉴其方法,研究揭膜后棉田土壤微环境变化动态及其对棉花根系建成与产量形成的影响。以期通过合理水肥调控技术,塑造良好根系构型,从而保证揭膜后棉花的稳产。

3　待研究问题的提出

治理地膜覆盖造成的生态问题,一是使用可降解地膜,二是地膜回收。目前可降解地膜的研制和应用,国内也有较多研究,但大面积的推广和应用仍然存在很多问题。这就使得现阶段地膜回收仍是解决残膜污染的主要手段,由于现在推广中大多使用超薄地膜,棉花收获后再进行地膜回收效果并不理想,因此,从持续发展的战略看,在对棉花产量影响不大的前提下,在棉花生育期内适时揭膜无疑为治理棉田残膜污染提供了另一条思路。

北疆地区属于风险棉区,地膜覆盖在增加地温、缩短棉花生育期以及保持土壤水分方面效果明显,膜下滴灌技术的广泛应用也极大地促进了该区棉花产业的发展。在生育期内揭除地膜,存在诸多问题需要研究。对北疆棉花生长而言,地膜的增温保墒作用究竟需要维持多长时间? 在何时揭除地膜对棉花生长影响最小? 揭除地膜后势必会降低土壤温度及水分,改变土壤养分含量,从而影响棉花生长,这种影响的机制是什么,影响程度有多大? 在揭膜后增加灌水能否弥补上述不利影响,达到不减产甚至增产的目的?

4　本研究的目的及意义

本研究抓住新疆棉花生产中存在的残膜污染这一重大问题,系统研究棉田揭膜引起的土壤微环境变化、根系发育动态和空间构型变化以及地上部响应机制,深入揭示揭膜对产量形成的调控机理。上述理论成果可对滴灌棉田揭膜后的水肥调控技术提供理论依据,本研究对于棉田残膜污染治理,改善土壤微环境,缓解棉花早衰,促进棉花产业的可持续发展具有重大的现实意义。

5　主要研究内容和技术路线

5.1　主要研究内容

以陆地棉品种新陆早 42 号(*Gossypium hirsutum* L. Xinluzao 42)和新陆早 45 号

(*Gossypium hirsutum* L. Xinluzao 45)为试验材料,研究不同时期揭膜条件下土壤养分的时空变化规律、棉花根系空间构型、棉花养分吸收与土壤养分供应的关系;以及不同时期揭膜对棉花群体生理参数、光合特性、冠层结构和产量、品质、水分利用效率的影响,揭示揭膜对棉花根系构建与产量形成的影响机制。综合分析上述研究结果,研究不同灌水量对揭膜条件下棉花生长发育和产量形成的影响,具体包括以下方面:

5.1.1　不同时期揭膜对土壤温度的影响

播种后将温度计埋设于各处理棉花宽行、窄行中间土壤不同深度,长期监测土壤温度变化,分析不同时期揭膜对土壤温度的影响。

5.1.2　不同时期揭膜对土壤水分的影响

定期监测揭膜后土壤水分变化动态,对比与正常覆膜土壤水分的差异,分析揭膜条件下土壤水分的变化规律。

5.1.3　不同时期揭膜对土壤养分含量及棉花养分吸收的影响

通过播种后和收获前取样分析,明确经过一个生长季后耕层不同层次中土壤养分及有机质、总盐含量等较播种前的变化幅度;在棉花生长季定期分析耕层土壤中速效养分变化及植株中养分含量的变化,揭示揭膜条件下土壤养分的时空变异规律及对棉花生长的影响。

5.1.4　不同时期揭膜对棉花根系的影响

研究不同时期揭膜条件下棉花根系根长密度、根表面积、平均直径等几何形态参数的变化以及根系活力的差异,并明确棉花根系空间分布规律,精确量化正常覆膜和不同时期揭膜条件下棉花根系空间构型及生长发育动态变化。

5.1.5　不同时期揭膜对棉花生长发育的影响

研究不同时期揭膜条件下棉花群体生理参数、冠层结构、光合特性、产量及品质的变化,明确不同时期揭膜对棉花生长的影响程度,揭示棉花对揭膜条件下相关逆境的适应机制。

5.1.6　最佳揭膜时期的确定及揭膜后水分调控技术研究

从揭膜的难易程度、揭膜对棉花生长的影响综合评价最佳揭膜时间。并研究揭膜后不同水分处理对棉花干物质积累、产量形成及品质的影响,以期为揭膜条件下棉花高产栽培措施的制定提供理论依据,为新疆棉田残膜治理提供新的途径。

5.2　技术路线

以正常覆膜为对照,采用 Monolith 法(Böhm,1979)采集棉花根系,获取根系生长参数,对滴灌棉田不同时期揭膜条件下棉花根系的生长发育规律进行定量研究,研究揭膜条件下棉花根系的空间构型及动态变化特征;同时对土壤温湿度、养分时空变化进行测定,分析根系生长发育规律与土壤水盐运移、养分分布的关系;并在此基础上研究土壤微环境改变对棉花根系构建及产量形成(养分在各器官转运分配、群体生理参数、光合特性、冠层结构和产量、品质、水分利用效率的变化等)的影响;从生产成本、机械化操作难易程度、产量水平、经济效益等方面综合评定以确定最佳的揭膜时间,并在此基础上确定最优的灌水水平。结合上述研究成果,明确揭膜对土壤微环境的影响程度及影响规律,揭示棉花根系构建及产量形成对上述变化的响应机制。

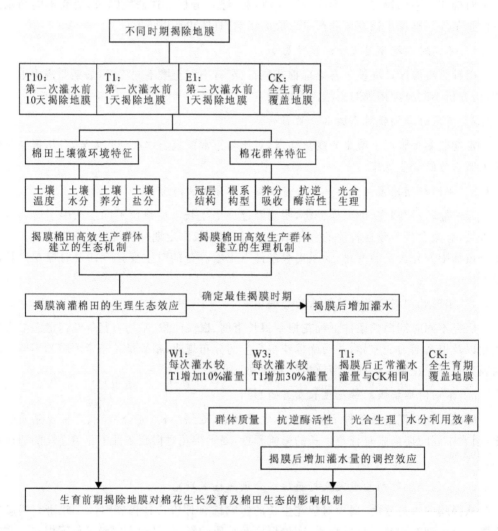

图1—1 技术路线图

第 2 章　试验设计

1　试验区概况

试验于 2015—2017 年棉花生长季节(5～9 月)在新疆石河子市新疆农垦科学院 2 号试验地(44.3108°N,85.986°E,海拔 460 m)进行,该地属典型的干旱气候区,年平均气温 7.5℃～8.2℃,日照 2 318～2 732 h,无霜期 147～191 d,年降水量 180～270 mm,年蒸发量 1 000～1 500 mm,≥10℃的活动积温 3 570℃～3 729℃。试验地土壤类型为钙积正常干旱土(中国土壤系统分类),质地为黏壤土,耕层(0～30 cm)土壤基本理化性状为:有机质含量 17.1 g·kg^{-1}、全盐含量 1.17 g·kg^{-1}、全氮含量 1.12 g·kg^{-1}、全磷含量 0.96 g·kg^{-1}、全钾含量 18.4 g·kg^{-1}、水解性氮含量 86.73 mg·kg^{-1}、有效磷含量 13.83 mg·kg^{-1}、速效钾含量 319.33 mg·kg^{-1}。

2015 年、2016 年、2017 年 5～9 月≥10℃积温分别为 3 014℃,3 165℃和 3 413.21℃,平均气温分别为 22.86℃,22.58℃ 和 22.45℃,降水分别为 94 mm,120.2 mm 和 96.5 mm,其中 2016 年播前 4 月份降水为 53.8 mm,比历年平均值高 27.1 mm。(气象数据来源于石河子气象局)

表 2-1　2015—2017 年试验区棉花生长季气象资料

	年份	月份				
		5	6	7	8	9
平均气温/℃	2017	20.4	24.3	26.8	23.1	17.6
	2016	17.5	25.9	25.8	24.3	20.8
	2015	21.7	24.2	27.3	23.6	16.1
	历年平均值	19.3	24.0	25.4	23.5	17.5
降水量/mm	2017	36.7	34.6	3.9	19.7	1.6
	2016	43.2	29.3	40.7	7.0	0.0
	2015	16.1	20.9	9.9	31.7	15.4
	历年平均值	32.1	24.1	23.3	18.9	16.4

2　试验设计

以陆地棉品种新陆早 42 号和新陆早 45 号为试验材料。采用裂区试验设计,主区为品种,副区为不同时期揭膜处理,其中揭膜处理采用随机区组试验设计,设 4 个处理:分别为自出苗后第 1 次灌溉前 10 d 揭除地膜(以下简称为 T10,2015—2017 年分别于出苗后 19 d,24 d 和 33 d 揭除地膜),自出苗后第 1 次灌溉前 1 天揭除地膜(以下简称为 T1,2015—2017 年分别于出苗后 29 d,34 d,42 d 揭除地膜),自出苗后第 2 次灌溉前 1 d 揭除地膜(以下简称为 E1,2015—2017 年分别于出苗后 39 d、44 d 和 52 d 揭除地膜),以全生育期覆膜作为对照(CK)。4 个处理完全随机排列,每处理 3 次重复,2 个品种共 24 个小区,每个小区面积为 42 m²(宽 2.1 m,长 20m)。采用人工方式揭除地膜。

在揭膜时间的选择上,综合考虑机械操作及减少棉花机械损伤等方面的因素,灌水前地膜韧性较强,而且因为没有灌溉,地膜也没有粘连在地表,在此时揭除地膜是最有利于机械操作的。为了试验的准确性,我们以第 1 次灌溉为时间节点,选取了前后各 10 d 作为揭膜日期,研究不同时间揭膜对棉花生产的影响,以便确定最优的揭膜时间。

揭膜后受影响最大的因素,一是土壤温度,二是土壤水分,因此我们选取了 2 个对水分反应敏感性差异较大的品种,以明确棉花生长对揭膜的响应机制。新陆早 42 号(原代号垦 62)由新疆农垦科学院棉花研究所和新疆惠远农业科技发展有限公司联合选育,以新陆早 10 号为母本,自育品系 97—6—9 为父本(李保成等,2009)。新陆早 45 号(西部 4号)由新疆农垦科学院棉花所与新疆西部种业有限公司共同合作选育,以新陆早 13 号为母本,9941 为父本(宁新柱等,2011)。吕新等(2004)研究表明,新陆早 6 号对限量滴灌反应不敏感,而新陆早 8 号对限量滴灌反应较敏感。新陆早 13 号与新陆早 6 号同为新疆兵团第七师农科所选育,新陆早 10 号和新陆早 8 号同为石河子棉花所选育,因此,从血缘关系上推测新陆早 42 号和新陆早 45 号应该对水分反应敏感性存在较大差异。

揭膜后水分试验于 2016—2017 年进行,实验材料、试验地点同上,采用裂区试验设计,主区为品种,副区为不同水分处理,设置 4 个处理,分别为出苗后第 1 次灌水前揭膜之后正常灌溉(T1)、每次滴水较 T1 增加 10%(W1)和 30%(W3)的灌水量,以全生育期覆膜作为对照(CK),CK 与 T1 每次灌溉量相同。每处理 3 次重复,2 个品种共 24 个小区,小区设置及面积同前。每个小区的灌水量用水表精确控制,为防止水分在小区间侧移,各小区间埋设 60 cm 的防渗膜。2016—2017 年各处理灌溉量见表 2—2。

表 2—2　2016—2017 年各处理灌溉量　　　　　　单位:mm

灌溉次数	2016 年				2017 年			
	日期(月-日)	CK/T1	W1	W3	日期(月-日)	CK/T1	W1	W3
1	6-17	22.5	25.5	27.0	6-11	22.5	45.0	27.0
2	6-27	45.0	51.0	54.0	6-21	45.0	49.5	54.0
3	7-5	67.5	75.0	82.5	7-1	84.0	73.5	81.0
4	7-14	67.5	75.0	84.0	7-10	52.5	75.0	81.0
5	7-25	45.0	49.5	51.0	7-21	69.0	75.0	81.0
6	8-4	45.0	49.5	55.5	7-30	67.5	75.0	81.0
7	8-15	30.0	33.0	36.0	8-10	51.0	58.5	63.0
8					8-22	31.5	33.0	36.0
合计		322.5	358.5	390.0		423.0	484.5	504.0

注:CK,全生育期覆膜;T1,出苗后第 1 次灌溉前揭膜;W1,每次滴水较 T1 增加 10%的灌水量;W3,每次滴水较 T1 增加 30%的灌水量;T1 与 CK 每次灌水量相同。

3 种植模式及田间管理

采用 1 膜 6 行 45 cm＋20 cm 宽窄行种植模式(图 2-1),地膜宽 205 cm,每个播幅 1 条膜,宽 2.1 m,膜间行距 60 cm,株距 10 cm,种植密度 $26×10^4$ 株·hm^{-2},一膜铺设 3 条滴灌带,滴灌带铺设在窄行中间,即一根滴灌带控制两行棉花,每小区 6 行棉花。采用"干播湿出"方式播种,即低墒播种,滴水出苗。整个试验小区都采用膜下滴灌形式,滴头间距为 300 mm,滴头流量为 1.8 L·h^{-1},出苗后至收获前共 7～8 次灌水,每次灌水定额根据棉花不同生长阶段需水规律分配,花铃期灌水定额最大,蕾期和吐絮期灌水定额相对较少,生育期追加尿素和当地产的棉花专用滴灌肥(N：P_2O_5：K_2O=6％：30％：30％),每次随灌溉水滴施(详见表 2-3)。

表 2-3 2015—2017 年试验区棉花水肥运筹方案

灌溉次数	2015 年				2016 年			
	日期	尿素/(kg·hm⁻²)	滴灌肥/(kg·hm⁻²)	灌溉量/mm	日期	尿素/(kg·hm⁻²)	滴灌肥/(kg·hm⁻²)	灌溉量/mm
1	6 月 5 日	44.40	27.75	22.5	6 月 17 日	15.00	15.00	22.5
2	6 月 15 日	88.95	55.50	45.0	6 月 27 日	75.00	30.00	45.0
3	6 月 26 日	133.35	83.40	67.5	7 月 5 日	120.00	60.00	67.5
4	7 月 6 日	133.35	83.40	67.5	7 月 14 日	120.00	60.00	67.5
5	7 月 15 日	133.35	83.40	67.5	7 月 25 日	120.00	60.00	45.0
6	7 月 21 日	133.35	83.40	45.0	8 月 4 日	120.00	60.00	45.0
7	7 月 28 日	133.35	83.40	45.0	8 月 15 日	33.00	20.85	30.0
8	8 月 6 日	44.40	55.50	22.5				
合计		844.50	555.75	382.5		603.00	305.85	322.5

灌溉次数	2017 年			
	日期	尿素/(kg·hm⁻²)	滴灌肥/(kg·hm⁻²)	灌溉量/mm
1	6 月 11 日	15	15	22.5
2	6 月 21 日	75	30	45.0
3	7 月 1 日	120	60	84.0
4	7 月 10 日	120	60	52.5
5	7 月 21 日	120	60	69.0
6	7 月 30 日	120	60	67.5
7	8 月 10 日	30	30	51.0
8	8 月 22 日	0	30	31.5
合计		600	345	423.0

注:滴灌肥为新疆农垦科学院农业新技术推广服务中心生产的 66％磷酸钾铵(N：P_2O_5：K_2O=6％：30％：30％)。

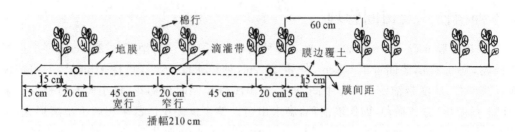

图 2—1　种植模式示意图

2015 年种植新陆早 42 号,于 4 月 24 日播种,4 月 28 日滴出苗水 15 mm,5 月 6 日出苗,9 月 10 日收获,生育期 127 d。

2016 年种植新陆早 42 号和新陆早 45 号,由于春季低温多雨,播种推迟,5 月 5 日播种,5 月 6 日滴出苗水 15 mm,5 月 16 日出苗,9 月 26 日收获,全生育期 134 d。

2017 年种植新陆早 42 号和新陆早 45 号,于 4 月 21 日播种,4 月 22 日滴出苗水 15 mm,4 月 28 日出苗,9 月 6 日收获,生育期 131 d。

2015 年化控 4 次。分别为 5 月 25 日、6 月 3 日、6 月 12 日、7 月 13 日,缩节胺用量分别为 20 g·hm^{-2}、30 g·hm^{-2}、30 g·hm^{-2} 和 200 g·hm^{-2}。

2016 年化控 3 次。分别为 5 月 30 日、6 月 13 日、7 月 13 日,缩节胺用量分别为 9 g·hm^{-2}、27 g·hm^{-2} 和 225 g·hm^{-2}。

2017 年化控 4 次。分别为 5 月 10 日、5 月 24 日、6 月 8 日、7 月 4 日,缩节胺用量分别为 15 g·hm^{-2}、30 g·hm^{-2}、30 g·hm^{-2} 和 75 g·hm^{-2}。

每次化控的同时,添加防治蚜虫和叶螨以及蓟马等害虫的药剂,用量按照药品说明。

第 3 章　不同时期揭膜对棉田土壤温度的影响

新疆以热量丰富、日照充足、降水稀少、空气干燥、昼夜温差大和利用雪水人工灌溉等良好条件,成为中国乃至世界上重要的陆地棉和长绒棉种植基地。从 20 世纪 90 年代初开始,以地膜覆盖和滴灌技术为基础,通过长期实践形成的膜下滴灌(drip irrigation under mulch film,DI)技术(胡晓棠和李明思,2003)在该区大面积推广应用,很大程度上提高了棉花的单产水平(简桂良等,2007;Rao et al.,2016),促进了新疆棉花的生产。截至2012 年,新疆棉花种植面积较 1990 年增长了 2 倍(新疆维吾尔自治区统计局数据,1990—2012),新疆棉花产量占中国的 1/2 还多,85% 的棉田采用地膜覆盖(Bai et al.,2015)。

与此同时,由于长期地膜覆盖且没有进行有效的回收,由此带来的残膜污染问题愈发严重(梁志宏和王勇,2012;严昌荣等,2008),对棉花生产(李元桥,2016)及农田生态(董合干等,2013;Nkwachukwu et al.,2013;Thompson et al.,2009;Adhikari et al.,2016)造成了严重的危害。因此,治理残膜污染成为新疆乃至整个干旱半干旱地区农业生产中亟需解决的难题。利用可降解地膜替代目前通用的 PE 地膜,虽然可以减轻污染,但因可降解地膜的价格普遍偏高,大面积推广有难度。因此,利用机械方式回收地膜成为当前普遍采用的治理残膜污染的方法。在棉花的生育前期揭除地膜既发挥了地膜的增温保墒作用,又可以利用此时地膜机械强度较高的特点,最大限度地进行回收,可以成为治理残膜污染的一条有效途径。

新疆属于典型的荒漠绿洲农业,水是影响棉花产量最重要的气候因子(王建勋等,2006),土壤温度作为农田生态系统的主要因子之一,也是影响棉花生长发育和土壤环境的重要因素(Stong et al.,1999;Nabi et al.,2008;Andersson et al.,2001)。地膜覆盖可以协调土壤水、肥、气、热的供应状况,通过增温、保墒和改善辐射状况来满足棉花生长需要(肖明等,1997;张权中等,2003)。

针对棉田揭膜问题,前人(宿俊吉等,2011;李生秀等,2010;谢海霞等,2012;张占琴等,2016)做了不少研究,但是研究得还不够全面,揭膜时期跨度较小。因此,研究不同时期揭膜棉田土壤温度分布特征及变化规律,明确最佳揭膜时间,对于调控棉花生长具有重要意义。本文通过重点研究棉花生育前期不同时间揭除地膜条件下棉田土壤平均温度、温差及典型生育期土壤温度日变化及温度在土层内的三维分布规律,旨在揭示不同时期揭膜对棉田土壤温度的影响,为中国干旱半干旱地区棉花高产栽培及残膜污染治理提供科学依据和理论指导。

1　材料与方法

1.1　样品采集与测定

2015—2016 年播种后将 MicroLab Lite U 盘式温度记录仪(Fourier,USA)分别埋设于棉花宽行和窄行中间位置,埋深为 10 cm、20 cm、30 cm(图 3－1)。参考杨相昆(2015)的方法,每小时记录 1 次温度,将 0:00～23:00 的 24 个整点温度取平均值作为该天土壤平均温度,并根据陈军胜(2005)的方法计算土壤累积温度、土壤温差、土壤累积温差。将各个时期不同层次土壤的日平均温度累加,得到各个时期土壤累积温度,类似于气温的积温;土壤温差是指土壤日最高温度与最低温度的差值,土壤累积温差是指某一阶段土壤每天温差的累加,土壤日平均温差是指某一阶段土壤累积温差的日平均值。

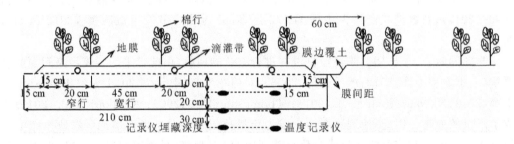

图 3－1　种植模式及温度记录仪埋设位置示意图

2016—2017 年,以两膜交接处为原点,水平距离垂直棉行方向每隔 20 cm 为 1 个样点,共 7 个样点,土壤深度方向每 10 cm 为 1 层,共 5 层,选取宽 140 cm,深 50 cm 土壤剖面的 35 个样点(图 3－2),采用 WET－2 土壤水分、温度、电导率测量仪(英国 Delta－T 公司),测定土壤温度,测定时期分别为:初花期(initial flowering stage,IFS;2016 年 7 月 4 日,2017 年 6 月 29 日)、花铃期(blossoming and boll forming stage,BBFS;2016 年 8 月 4 日,2017 年 7 月 26 日)和吐絮期(boll opening stage,BOS;2016 年 8 月 31 日,2017 年 8 月 30 日)。

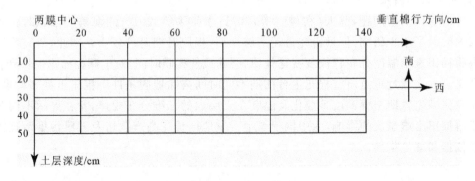

图 3－2　取样示意图

1.2　数据处理

运用 Microsoft Excel 2010 软件对数据进行处理，做图采用 SigmaPlot 12.5（Systat Software,Inc）软件，利用 Adobe Illustrator CS5（Adobe Systems Incorporated）对图片进行后期处理。利用 DPS16.05 软件（Tang and Zhang,2013）进行方差分析，其中多重比较采用 LSD 法。

2　结果与分析

2.1　不同时期揭膜对棉田土壤平均温度的影响

从图 3-3 中可以看出，同一年度不同土层间各处理土壤温度变化趋势基本一致，均随气温的变化而变化，但变化幅度较气温平缓。以出苗后 50 d 为界限，之前覆膜处理（CK）的土壤温度高于气温，此后，棉花开始生育期内第 2 次灌水（不包括出苗那次灌水），棉花植株迅速生长，窄行间开始封垄，照射到地表的阳光由于叶片的遮挡作用大大减少，覆膜处理土壤温度与气温相差不大。表明地膜的增温作用基本上可以维持 50 d 左右。

出苗后 1～50 d,CK 处理各土层土壤温度均高于揭膜处理，且随着土层深度的增加，各处理间差距减小。出苗后 50 d 至成熟，揭膜处理各土层土壤温度与 CK 处理的差距逐渐缩小，之后高于 CK。揭膜时间越早，越靠近表层土壤，这种趋势越明显。

从整个生育期各土层的土壤平均温度来看（表 3-1），基本上呈现 CK＞T10＞T1＞E1 的趋势。CK 处理土壤平均温度高可能主要是因为前期地膜的保温作用，而 T10 处理则可能是因为揭膜时间早，土壤通透性好，利于土壤中气体与大气进行热量交换，从而导

表 3-1　不同揭膜处理各土层土壤平均温度及累积温度

项目	年份	土壤深度	CK	T1	E1	T10	气温
平均温度/℃	2015	10 cm	23.56	23.08	22.27	23.48	23.54
		20 cm	23.68	22.87	22.49	23.06	
		30 cm	22.34	22.69	22.26	22.54	
	2016	10 cm	22.99	21.95	21.32	23.31	24.03
		20 cm	23.00	21.72	21.24	22.93	
		30 cm	22.70	21.60	21.09	22.55	
积温/℃	2015	10 cm	2 572.90	2 562.80	2 535.62	2 563.53	2 571.68
		20 cm	2 587.03	2 529.05	2 536.32	2 517.27	
		30 cm	2 439.18	2 491.04	2 472.97	2 459.96	
	2016	10 cm	2 587.76	2 570.10	2 547.73	2 625.77	2 703.08
		20 cm	2 588.33	2 536.72	2 532.49	2 582.41	
		30 cm	2 554.44	2 509.85	2 501.04	2 541.30	

注:出苗后第 1 次灌溉前 10 d(T10)、前 1 d(T1)及第 2 次灌溉前 1 d(E1)揭除地膜,以全生育期覆膜作为对照(CK),测算不同深度土壤生育期内平均温度及累积温度。

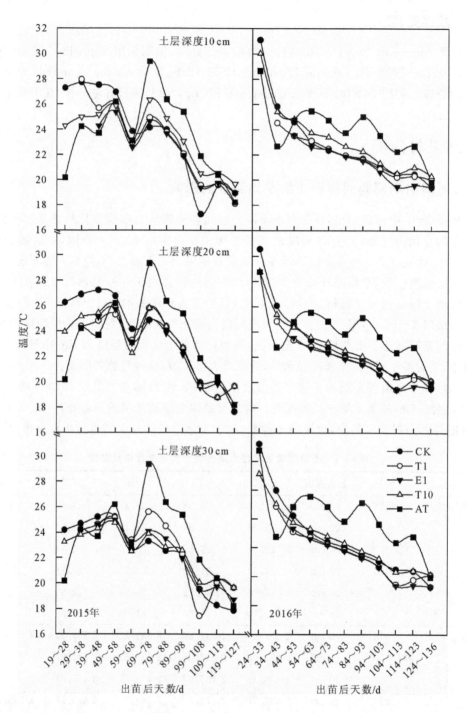

注:CK,全生育期覆膜;T1,出苗后第 1 次灌溉前揭膜;E1,出苗后第 2 次灌溉前揭膜;T10,出苗后第 1 次灌溉前 10 d 揭膜;AT,气温。

图 3—3　各处理不同深度土壤日平均温度变化情况

致土壤温度较高。在揭膜处理中,揭膜时间越早,各土层土壤平均温度越高。而从整个生育期各土层的土壤累积温度来看(表 3—1),各处理间差别并不大,与气温的积温差别也不大,这也进一步佐证了从本试验开始揭膜的时期开始,地膜的增温作用基本上已经很弱了。

2.2　不同时期揭膜棉田土壤温度日变化

我们选择初花期(2015 年为 6 月 22 日,苗后 47 d;2016 年为 7 月 4 日,苗后 52 d)和花铃期(2015 年为 8 月 22 日,苗后 109 d;2016 年为 8 月 30 日,苗后 109 d)前后 2 个典型的生育期中某一天的土壤温度变化来说明不同处理下土壤温度日变化情况。其中初花期选择的这一天为最后一个揭膜处理(E1 处理)揭膜后第 9 天,此时所有揭膜处理已经处理完毕,可以分析揭膜初期对土壤温度日变化的影响。而花铃期选择的这一天则为收获前20 d 左右,可以揭示经过整个生育期的处理,不同时期揭膜条件下棉田土壤温度日变化的趋势。

初花期(图 3—4)和花铃期(图 3—5)不同处理各土层温度的日变化均呈先下降后上升再降低的正弦曲线变化,且温度变化幅度随着土壤深度的增加而变小。随土层深度加深,土壤温度达到极值出现"滞后效应"。在花铃期,土壤温度达到最高值的时间比初花期晚,土壤温度达到最低值的时间 2 个生育期差别不大。在不同土壤深度,基本上 CK 和T10 这 2 个处理土壤温度高于 T1 和 E1 处理。

初花期,揭膜处理土壤温度最低值及最高值出现的时间均较 CK 晚,说明此阶段地膜还有一定的增温作用,由于棉花还没有完全封垄,CK 处理受到阳光照射而使土壤温度迅速增高。花铃期,2016 年不同深度土层均是 T10 处理土壤温度最高值出现的时间最早;2015 年仅 10 cm 深土层 T10 处理土壤温度最高值出现的时间较其余处理早,其余土层各处理土壤温度最高值出现的时间相同。

2.3　不同时期揭膜对棉田土壤温差的影响

同气温一样,土壤温差大可以减少作物在夜间由于呼吸作用而产生的消耗,利于作物的干物质积累和生长发育。从日平均温差来看(图 3—6),各处理日平均温差总体上呈现两头高、中间低的 U 型变化趋势,各揭膜处理日平均温差表现为 T10＞T1＞E1,即揭膜时间越早,土壤日平均温差越大。

由于 2 a 间气温变化趋势不同(图 3—3),导致揭膜处理与 CK 的日平均温差 2 a 间差距略微不同。在 2015 年,CK 处理在苗后 80 d 之前,日平均温差均高于揭膜处理,且随着土层深度的增加,差距逐渐缩小。在苗后 80 d 之后,揭膜处理的日平均温差高于 CK,也是随着土层深度的增加,差距逐渐缩小。而在 2016 年,表层土壤日平均温差 T10 处理最高,在其余土层均是 CK 处理最高。

整个生育期各处理各土层的土壤平均温差(表 3—2)差距情况与平均温度类似,在表层土壤,各处理间土壤平均温差差距大,最大达 3.6℃;而在 30 cm 土层,差距则缩小,各处理间土壤平均温差仅相差 0.1℃～0.4℃。且 2015 年平均温差及累积温差均大于 2016年。这可能是由于 2015 年降水少,土壤相对干燥,土壤空隙中空气热量与大气热交换频繁,温度变化相对 2016 年剧烈,土壤温差大。

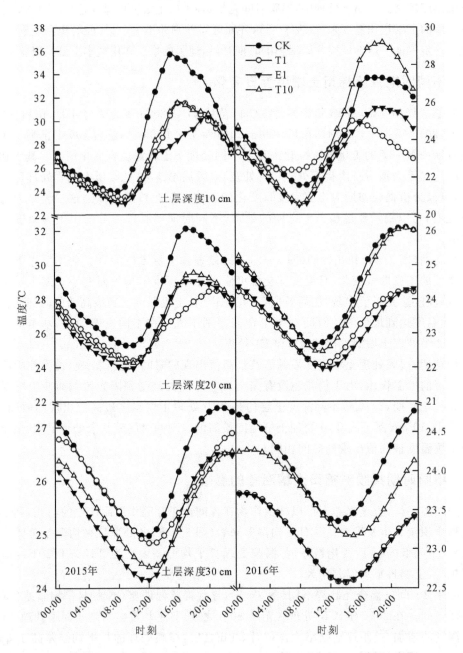

注:CK,全生育期覆膜;T1,出苗后第 1 次灌溉前揭膜;E1,出苗后第 2 次灌溉前揭膜;T10,出苗后第 1 次灌溉前 10 d 揭膜。

图 3—4　初花期各处理不同深度土壤温度日变化

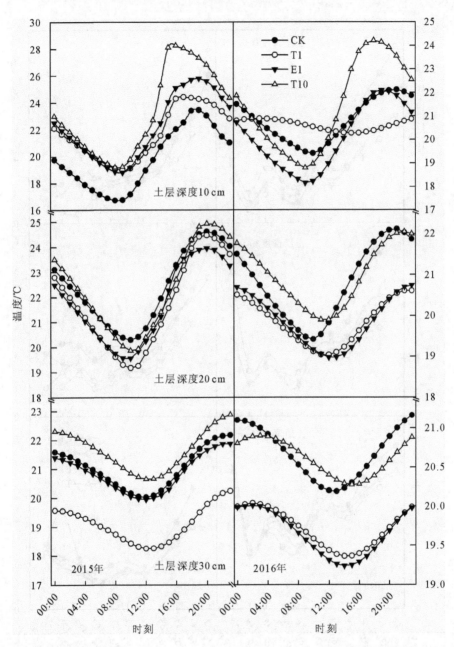

注:CK,全生育期覆膜;T1,出苗后第 1 次灌溉前揭膜;E1,出苗后第 2 次灌溉前揭膜;T10,出苗后第 1 次灌溉前 10 d 揭膜。

图 3—5　花铃期各处理不同深度土壤温度日变化

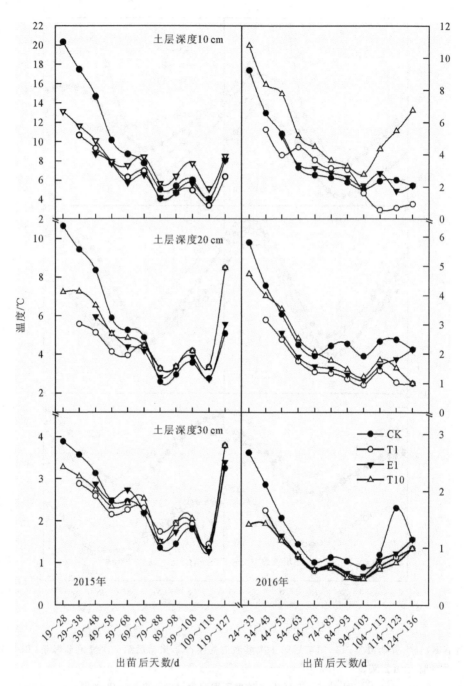

注:CK,全生育期覆膜;T1,出苗后第 1 次灌溉前揭膜;E1,出苗后第 2 次灌溉前揭膜;T10,出苗后第 1 次灌溉前 10 d 揭膜。

图 3-6　各处理不同深度土壤日平均温差变化情况

表 3-2　不同揭膜处理各土层土壤平均温差及累积温差

项目	年份	土壤深度/cm	CK	T1	E1	T10	气温/℃
平均温差/℃	2015	10	9.79	6.46	6.18	8.38	13.34
		20	5.58	4.59	4.22	5.28	13.34
		30	2.45	2.30	2.22	2.45	13.34
	2016	10	3.76	2.83	2.94	5.78	13.33
		20	2.85	1.56	1.74	2.33	13.33
		30	1.28	0.84	0.81	0.85	13.33
累积温差/℃	2015	10	1 068.56	749.50	824.28	912.97	1 452.60
		20	609.13	524.83	538.85	571.94	1 452.60
		30	265.95	265.55	271.44	265.98	1 452.60
	2016	10	419.60	378.80	430.62	655.84	1 514.70
		20	319.50	217.42	264.24	258.89	1 514.70
		30	144.81	114.12	124.48	96.89	1 514.70

注：出苗后第 1 次灌溉前 10 d(T10)、前 1 d(T1)及第 2 次灌溉前 1 d(E1)揭除地膜,以全生育期覆膜作为对照(CK),测算不同深度土壤生育期内平均温差及累积温差。

2.4　不同生育时期棉田土壤温度三维分布特征

通过图 3-7 可以看出,在初花期,T1 和 T10 这 2 个处理温度高的区域主要集中在两膜交接处、土层深度 30~40 cm 的位置,E1 处理土壤温度在垂直棉行方向上分布较均匀,且表层和深层土壤温度较低。CK 处理 2 a 间分布特征不同,2016 年温度高的区域主要集中在表层土壤,且在垂直棉行方向上分布较均匀,而在 2017 年温度高的区域则是主要集中在两膜交接处、土层深度 20~50 cm 的位置。

而到了花铃期(图 3-8),3 个揭膜处理温度高的区域主要集中在两膜交接处、20~40 cm 深的土层中,而 CK 处理虽然在两膜交接处也有 1 个温度较高的区域,但在垂直棉行方向上,高温区域分布得比较均匀。在吐絮期(图 3-9),由于灌水已经停止,土壤含水量降低,各土层温度分布得均比较均匀。

从不同土层深度的土壤温度来看(图 3-10),2016 年花铃期各土层温度揭膜处理均高于 CK,2017 年花铃期仅 E1 和 T10 这 2 个处理在 0~20 cm 土层土壤温度高于 CK,其余时期,揭膜处理在各土层均略低于 CK。多因素方差分析结果表明,2 a 间生育期、处理及土层深度均对土壤温度有极显著的影响,事后多重比较结果表明,2016 年除了 E1 和 CK 间差异不显著外,其余处理间差异均达到极显著的水平。而 2017 年各个处理间差异均达到极显著的水平。

3　讨论

覆膜可以提高土壤温度(Ramakrishna,et al.,2006),对作物产量有直接的影响。但随着生育期的逐渐推进,作物生长茂盛,阳光无法照射到地面,覆膜的增温效果逐渐下降。Wang(2015)研究表明,覆膜对土壤温度的影响前期大于后期。李兴等(2010)、申丽霞等(2011)在黄土塬区进行玉米覆膜试验,结果表明,覆膜在苗期和拔节期的增温效果比较明

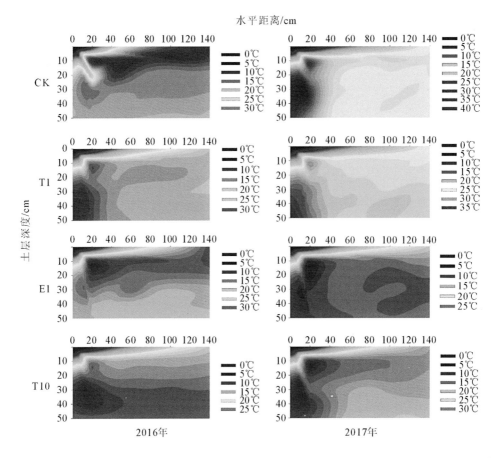

注:CK,全生育期覆膜;T1,出苗后第 1 次灌溉前揭膜;E1,出苗后第 2 次灌溉前揭膜;T10,出苗后第 1 次灌溉前 10 d 揭膜。

图 3—7　初花期各处理土壤温度三维分布

显,在 10 cm 和 20 cm 处的温差表现最大,最大可增温 2.5℃。贺欢等(2009)研究表明,覆膜对土壤的增温效应主要表现在棉花生长前期,5月份不同程度的覆膜可使土壤温度增加 0.9℃~2.3℃。张俊鹏等(2016)研究表明,覆膜具有增温作用,增温效果随棉花生育进程推进和土层深度增加而有所减弱。银敏华等(2014)研究表明,5 cm 深度处土壤温度日变幅最大,覆膜的增温效应主要体现在 0~10 cm 土层。Zhou 等(2015)研究表明,覆膜的增温作用主要体现在表层土壤。

　　本研究表明,地膜的保温作用基本上可以维持 50 d 左右。在此之前,揭膜处理会降低土壤温度。之后揭膜处理各土层土壤温度与 CK 处理的差距逐渐缩小,直至高于 CK。揭膜时间越早,越靠近表层土壤,这种趋势越明显(图 3—3)。在表层土壤,各处理间土壤平均温差差距大,最大达 3.6℃;而在 30 cm 土层,差距则缩小,各处理间土壤平均温差仅相差 0.1℃~0.4℃(表 3—2)。从初花期(图 3—4)和花铃期(图 3—5)土壤温度的日变化趋势来看,10 cm 深度处土壤温度日变幅最大,随着土壤深度的增加,温度变化幅度越小。在初花期选定的这一天,各土层土壤温度均是CK处理最高,CK处理土壤温度达到最高

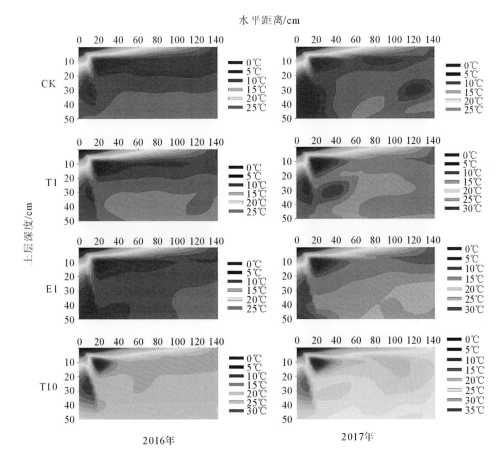

注:CK,全生育期覆膜;T1,出苗后第 1 次灌溉前揭膜;E1,出苗后第 2 次灌溉前揭膜;T10,出苗后第 1 次灌溉前 10 d 揭膜。

图 3－8 花铃期各处理土壤温度三维分布

值的时间也最早;而到花铃期,则是 T10 处理土壤温度最高,最早达到温度最高值。以上结果均表明,地膜覆盖的增温作用主要体现在棉花生育前期以及表层土壤。

宿俊吉等(2011)研究表明,揭膜平均土壤温度低于全生育期覆膜;刘胜尧等(2014)发现自播种到抽雄的生育前期春玉米田覆膜较裸地增温 1℃~3℃,土壤积温增加155.2℃~280.9℃;但 Hou 等(2015)发现夏播红薯覆膜处理土壤温度与对照相比并没有显著差别。本研究结果也表明,整个生育期各土层的土壤平均温度均是 CK 处理最高,揭膜处理中,揭膜时间越早,整个生育期土壤平均温度越高(图 3－3)。但从整个生育期各土层的土壤累积温度来看(表 3－1),覆膜处理仅在部分土层积温高于揭膜处理,2015 年30 cm 深土层和 2016 年 10 cm 深土层均是 T10 处理积温最高。但各处理间积温差别并不大,与气温的积温差别也不大,这也进一步佐证了从本试验开始揭膜的时期开始,地膜的增温作用已经很弱了。

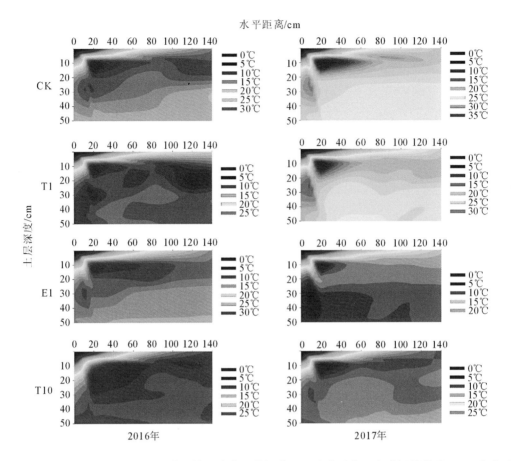

注:CK,全生育期覆膜;T1,出苗后第 1 次灌溉前揭膜;E1,出苗后第 2 次灌溉前揭膜;T10,出苗后第 1 次灌溉前 10 d 揭膜。

图 3-9　吐絮期各处理土壤温度三维分布

4　小结

覆膜的增温效应主要体现在表层土壤以及生育前期,随着生育进程的推进和土壤深度的增加,覆膜增温的效果越来越弱。本研究表明,地膜的增温作用基本上可以维持50 d左右。在此之前,揭膜处理会降低土壤温度,且升温较覆膜处理缓慢。之后揭膜处理各土层土壤温度与 CK 处理的差距逐渐缩小,直至高于 CK。揭膜时间越早,越靠近表层土壤,这种趋势越明显。在表层土壤,各处理间土壤平均温差差距大。整个生育期各土层的土壤平均温度均是 CK 处理最高,揭膜处理中,揭膜时间越早,整个生育期土壤平均温度越高。但从整个生育期各土层的土壤累积温度来看,各处理间差别并不大。

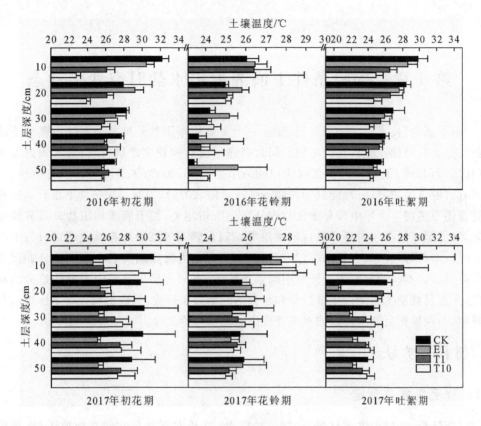

注:CK,全生育期覆膜;T1,出苗后第 1 次灌溉前揭膜;E1,出苗后第 2 次灌溉前揭膜;T10,出苗后第 1 次灌溉前 10 d 揭膜;误差棒代表标准差($n=7$)。

图 3—10　2016—2017 年不同生育期不同处理各土层土壤温度

第4章　揭膜条件下滴灌棉田水盐时空变化动态

"膜下滴灌"技术除了增温保湿,还有一个重要的作用就是抑盐。揭除地膜后土壤水分如何变化? 对棉花生长有何影响? 何时揭除地膜对棉花生产最有利,前人做过不少研究(孔星隆,1992;汤建,2014;张俊业,1986;牛生和等,2007;朱继杰等,2013;宿俊吉等,2011a;宿俊吉等,2011b;肖光顺等,2009;张占琴等,2016),但对揭膜条件下水分运移规律研究得还不透彻。土壤中盐分变化与水分变化密切相关,关于滴灌棉田盐分运移规律研究较多(虎胆·吐马尔白等,2011;牟洪臣等,2011;鹏飞等,2011;赵永成等,2011;王振华等;2011;李君等,2016;齐智娟等,2017),但在生育期内揭除地膜后土壤中盐分如何变化研究得很少。本试验研究了不同时期揭膜条件下,不同土层生育期内水分和盐分的动态变化,并通过典型生育期内土壤盐分和水分的三维分布研究,明确揭膜条件下土壤水盐运移规律,为在揭膜后制定合理的水肥管理措施提供理论支撑。

1　材料与方法

1.1　样品采集与测定

以新陆早42号为供试材料,2016—2017年,在棉花播种后和收获前取土样,播种后按照梅花形采样法,在大田中选取5个点,垂直方向每10 cm为1层,取样深度0～50 cm,将同一深度层的5个样点的土壤混匀作为1个土样,播种后共计5个土样;收获前分别在每个处理的宽行和窄行中间各取1点,垂直方向每10 cm为1层,取样深度0～50 cm,每处理将宽行和窄行中间同一深度层的2个样点土样混匀作为1个土样,即每处理5个土壤样,将土样于阴凉处风干后测定4个处理3次重复的土壤总盐含量(委托农业部食品质量监督检验测试中心(石河子)采用LY/T 1251－1999方法进行测定)。

2016年利用MiniTrase高精度TDR水分仪(SEC,USA),从出苗后第三次灌水开始(即揭膜处理全部处理完毕),每次灌水前测定0～30 cm土层土壤体积含水率。测量深度为0～30 cm,每个处理测量时,2个宽行中间和3个窄行中间各测1个点,以5个点的平均值作为该处理的土壤体积含水率。

2017年预先将与Profile Probe2土壤剖面水分速测仪(英国Delta－T公司)配套的PVC探管埋设在各处理宽行中间(两根滴灌带的中间)和窄行中间(滴灌带正下方),安装探管时先用与仪器配套的土钻打直径27 mm的孔,以便于安装探管和最小程度地减小对土壤的扰动,之后将PVC探管插入,在探管与孔壁的间隙灌入泥浆,使探管与各土层接触紧密,平衡1周左右开始测量。在出苗后33～55 d,每天监测0～10 cm、10～20 cm、20～30 cm、30～40 cm、40～60 cm、60～100 cm土层深度土壤体积含水率变化。出苗55 d后,每隔4 d测量1次,每次灌水前后加测1次。

2016—2017 年,以两膜交接处为原点,垂直棉行方向每隔 20 cm 为 1 个样点,共 7 个样点,土壤深度方向每 10 cm 为 1 层,共 5 层,采集宽 140 cm,深 50 cm 土壤剖面的 35 个样点(图 4-1)的土样,一部分土样利用烘干法测出土壤的质量含水率(温度 105℃下烘 8 h 左右) ,质量含水率＝(湿重－干重)/干重×100％。另一部分采集的土样放在阴凉通风处风干,将风干土样磨碎、过筛,按水土比 5∶1(蒸馏水 90 mL,土 18 g)制取土壤浸提液,利用 DDSJ-308A 型电导率仪(上海精密科学仪器有限公司)测定溶液的电导率。测定时期分别为:初花期(IFS)、花铃期(BBFS)和吐絮期(BOS)。具体测定日期同第 3 章。

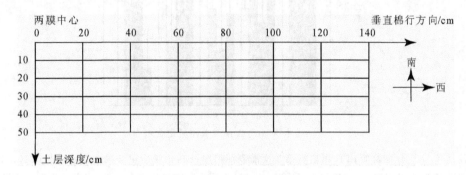

图 4-1　取样示意图

1.2　数据处理

本研究采用 Microsoft Excel 2010 (Microsoft Corporation) 进行数据录入和整理,并计算平均值和标准差。采用 SigmaPlot 12.5(Systat Software,Inc) 做图,利用 Adobe Illustrator CS5(Adobe Systems Incorporated) 对图片进行后期处理。

2　结果与分析

2.1　揭膜对不同土层体积含水率的影响

从图 4-2 中可以看出,2016 年 T1 处理除了在第 6 次灌水前体积含水率低于 CK 外,其余时间均高于 CK。T10 处理从第 5 次灌水前开始体积含水率高于 CK。E1 处理则是从第 6 次灌水前开始体积含水率高于 CK。由此可见,在灌水前 10 d 开始揭膜,加快了土壤水分的蒸发,土壤水分含量低于 CK。随着灌水开始,棉花生长迅速,在第 3 次灌水时棉花正处于打顶的时期,此时棉花大多已封垄,土壤蒸发变缓,地膜抑制蒸发的作用变弱,加之 2016 年度降雨较多,揭膜处理可以更好地接纳雨水,因此,揭膜处理耕层土壤体积含水率与 CK 差距变小,直至高于 CK。

为了揭示揭膜后不同土层土壤水分的变化规律,2017 年从第 1 次揭膜开始,每天监测 0~100 cm 土层的体积含水率变化,在出苗后第 1 次灌水之前,T10 处理刚揭膜后与 CK 体积含水率差距不大,从苗后 37 d 开始,在 0~10 cm 土层 CK 处理体积含水率高,10~20 cm 土层 T10 处理体积含水率高,20~40 cm 土层 2 个处理相差不大,互有高低。

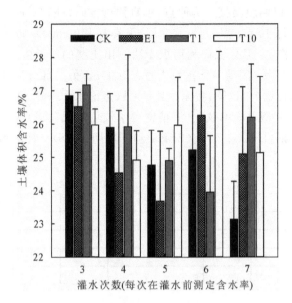

注:CK,全生育期覆膜;T1,出苗后第1次灌溉前揭膜;E1,出苗后第2次灌溉前揭膜;T10,出苗后第1次灌溉前10 d揭膜;误差棒代表标准差($n=3$),不同小写字母代表在0.05水平每次灌水不同处理间差异显著(LSD法)。

图4-2　不同处理0~30 cm土层体积含水率变化(2016年,每次灌水前测定)

在40~100 cm,CK处理土壤含水率高。在第1次灌水后到第2次灌水前的这段时间,0~30 cm土层CK处理体积含水率稍高,各个处理间差距不是很明显。30~100 cm土层,各处理体积含水率的顺序为T1>CK>T10,且土层越深,各处理间差距越大(图4-3)。

从第2次灌水往后,0~60 cm各土层CK处理体积含水率最高,而60~100 cm土层则是T1处理最高。从20 cm往下,基本上是T10处理体积含水率最低(图4-4)。

2.2　揭膜条件下棉花典型生育期土壤水分三维分布特征

2 a间初花期土壤水分在土体中有较为明显的湿润锋,且湿润锋的位置基本位于水平距离40~60 cm和100~120 cm处(基本位于滴灌带的下方)。不同的是,2016年湿润锋的位置靠近深层土壤,2017年则靠近表层土壤(图4-5)。

而到了花铃期(图4-6),水分在各土层中的分布更加均匀,各土层中土壤水分差距不明显。在吐絮期(图4-7),2016年土壤水分有较明显的湿润锋,2017年各土层则分布较为均匀。

对同一土层不同水平距离的7个样点的质量含水率进行平均,得到这一土层的质量含水率(图4-8)。2016年初花期,除了0~10 cm和40~50 cm土层CK处理质量含水率高外,其余土层均是揭膜处理高于CK。而在2017年的初花期,各土层均是T1处理水分含量最高,T10处理在10~50 cm土层和E1处理在30~50 cm土层的质量含水率高于CK。在花铃期,2016年0~10 cm土层T10处理质量含水率最高,其余土层各处理间互有高低,无明显规律。2017年,10 cm以下土层均是T10处理质量含水率最高,0~10 cm

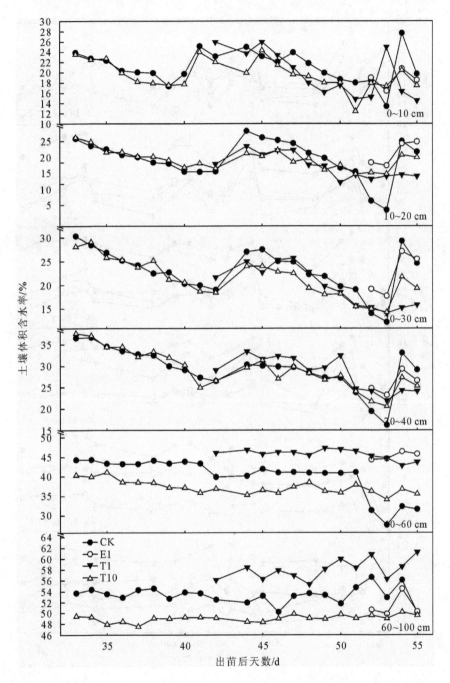

注:CK,全生育期覆膜;T1,出苗后第 1 次灌溉前揭膜;E1,出苗后第 2 次灌溉前揭膜;T10,出苗后第 1 次灌溉前 10 d 揭膜。

图 4—3　各处理不同土层体积含水率变化(2017 年,苗后 33～55 d)

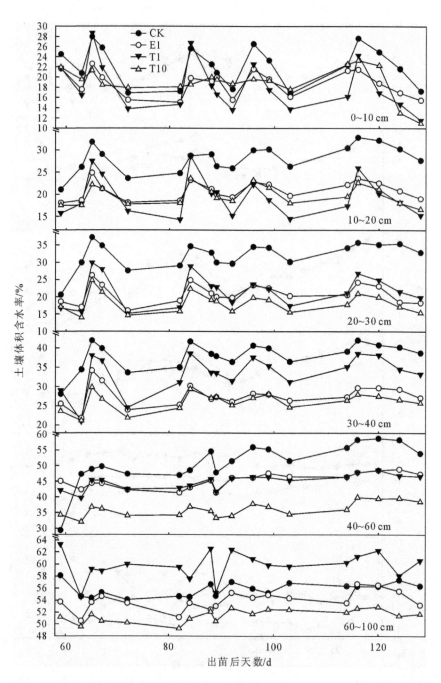

注:CK,全生育期覆膜;T1,出苗后第 1 次灌溉前揭膜;E1,出苗后第 2 次灌溉前揭膜;T10,出苗后第 1 次灌溉前 10 d 揭膜。

图 4—4　各处理不同土层体积含水率变化(2017 年,苗后 59～128 d)

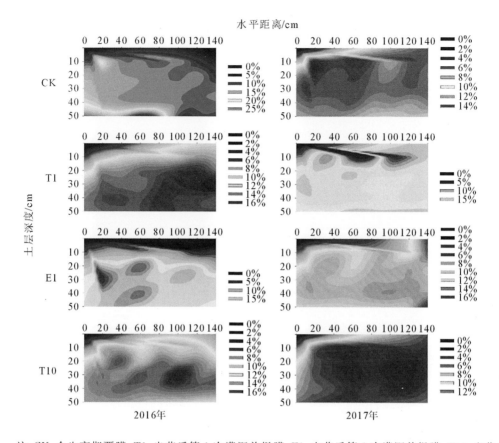

注:CK,全生育期覆膜;T1,出苗后第 1 次灌溉前揭膜;E1,出苗后第 2 次灌溉前揭膜;T10,出苗后第 1 次灌溉前 10 d 揭膜。

图 4—5　2016—2017 年初花期不同处理土壤质量含水率三维分布

土层揭膜处理质量含水率均高于 CK。在吐絮期,2017 年除 T1 和 T10 处理在 40～50 cm 土层质量含水率高于 CK 外,其余土层则是 CK 处理最高。2016 年则是在 0～10 cm 土层 CK 处理质量含水率显著高于揭膜处理,T1 处理在 10～40 cm 土层,E1 和 T10 处理在 10～20 cm 和 40～50 cm 土层均高于 CK 处理质量含水率。多因素方差分析结果表明,2016 年,生育期、处理及土层深度均对土壤质量含水率有极显著的影响;2017 年,处理对土壤质量含水率影响不显著,生育期及土层深度对土壤水分影响极显著。事后多重比较结果表明,2016 年除了 T1、T10 和 CK 间、T1 和 T10 间差异不显著外,其余处理间差异均达到极显著的水平。而 2017 年各个处理间差异均不显著。

综上 3 个时期的土壤水分分析可以看出,不同处理土壤水分在土体中的分布呈现明显的湿润锋。同一年度不同处理间湿润锋在土体中的分布规律基本类似,湿润锋基本在滴管带的位置。对典型生育期不同土层质量含水率进行分析发现,各处理间的差异并无明显的规律可循,各处理间的质量含水率互有高低,表层(0～10 cm)土壤各处理间差距较大,其余土层各处理间差距不明显。

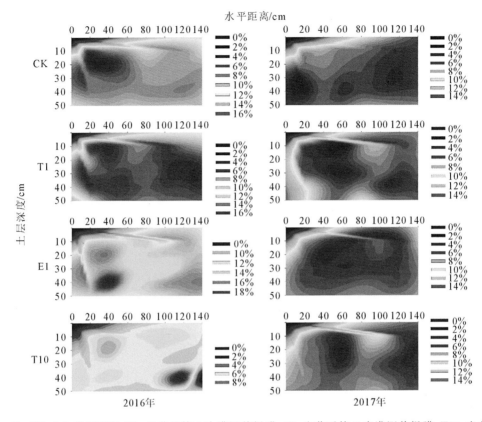

注:CK,全生育期覆膜;T1,出苗后第 1 次灌溉前揭膜;E1,出苗后第 2 次灌溉前揭膜;T10,出苗后第 1 次灌溉前 10 d 揭膜。

图 4-6　2016—2017 年花铃期不同处理土壤质量含水率三维分布

2.3　揭膜条件下不同土层总盐含量动态变化

2016—2017 年播种后 0～50 cm 土层土壤总盐含量见表 4-1,至收获前(图 4-9,表 4-2),各土层各处理总盐含量变化如下:2016 年 T10 处理在 0～10 cm 土层以及 4 个处理在 10～20 cm 土层总盐含量均较播种后增加,其中 T10 处理增加幅度最大。在 20～50 cm 土层,除了 T10 处理在 30～40 cm 土层没有变化外,其余处理总盐含量均较播种后减少。且 CK 处理减少的幅度最大。收获前各土层中总盐含量均是 CK 处理最低。由此可见,在 2016 年,覆膜处理起到了抑制盐分增加的作用。而在 2017 年,除了 CK 和 E1 处理在 30～40 cm 土层总盐含量没有变化外,4 个处理在 0～30 cm 土层总盐含量均较播种后增加,且 T10 处理增加的幅度最少。4 个处理在 30～50 cm 土层总盐含量较播种后均减少。在收获前,除了 E1 处理在 10～20 cm 土层总盐含量较 CK 处理高外,其余各土层均是揭膜处理总盐含量低于 CK 处理,其中 0～40 cm 土层 T10 处理最低,40～50 cm 土层 E1 处理最低。由此可见,在 2017 年,揭膜处理起到了抑制盐分增加的作用,在 0～40 cm 土层,揭膜时间越早,这种趋势越明显。多因素方差分析结果表明,各处理及土层深度对总盐含量变化无显著影响,各处理间差异也不显著。

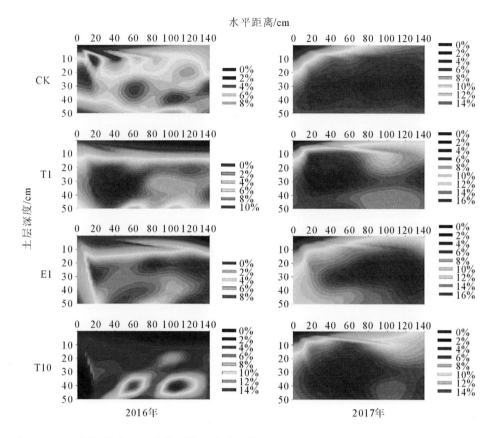

注:CK,全生育期覆膜;T1,出苗后第 1 次灌溉前揭膜;E1,出苗后第 2 次灌溉前揭膜;T10,出苗后第 1 次灌溉前 10 d 揭膜。

图 4－7　2016—2017 年吐絮期不同处理土壤质量含水率三维分布

表 4－1　2016—2017 年播种后各土层总盐含量　　　单位:g·kg⁻¹

年份	0～10 cm	10～20 cm	20～30 cm	30～40 cm	40～50 cm
2016	1.0	0.7	1.0	0.8	1.0
2017	0.8	0.9	0.9	1.2	1.2

从整个生育期 0～30 cm 土层总盐含量动态变化趋势来看(图 4－10),各处理总盐含量在整个生育期呈波浪起伏变化,在不同阶段,各处理总盐含量互有高低。至生育期末,2016 年,4 个处理总盐含量由高至低分别为 E1＞T1＞T10＝CK,含盐量分别为 1.0 g·kg⁻¹、0.9 g·kg⁻¹、0.8 g·kg⁻¹和 0.8 g·kg⁻¹;2017 年则是 CK＞T10＞T1＝E1,含盐量分别为 1.6 g·kg⁻¹、1.5 g·kg⁻¹、1.4 g·kg⁻¹和 1.4 g·kg⁻¹。

由此可见,揭膜在多雨年份(2016 年)增加了土壤盐分的累积,而在降雨正常年份(2017 年)则有抑制盐分累积的作用。

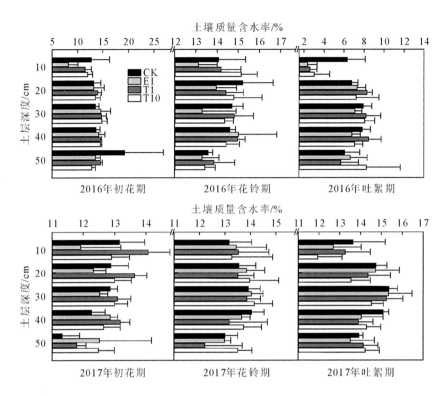

注:CK,全生育期覆膜;T1,出苗后第 1 次灌溉前揭膜;E1,出苗后第 2 次灌溉前揭膜;T10,出苗后第 1 次灌溉前 10 d 揭膜;误差棒代表标准差($n=7$)。

图 4－8　2016—2017 年不同生育期各处理各土层土壤质量含水率

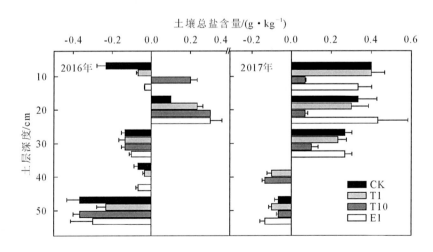

注:CK,全生育期覆膜;T1,出苗后第 1 次灌溉前揭膜;E1,出苗后第 2 次灌溉前揭膜;T10,出苗后第 1 次灌溉前 10 d 揭膜;误差棒代表标准差($n=3$)。

图 4－9　2016—2017 年收获前各土层总盐含量较播种后增减情况

表 4－2　2016—2017 年收获前各土层总盐含量较播种后增减情况

土层深度/cm	处理	总盐含量较播种后增减情况/%	
		2016 年	2017 年
10	CK	−23.33±15.28	50.00±0.00
	E1	−3.33±5.77	41.67±28.87
	T1	−6.67±11.55	50.00±25.00
	T10	20.00±20.00	8.33±7.22
20	CK	14.29±0.00	37.04±39.02
	E1	42.86±28.57	48.15±51.32
	T1	33.33±16.5	33.33±38.49
	T10	42.86±0.00	7.41±23.13
30	CK	−13.33±11.55	29.63±16.97
	E1	−10.00±10.00	29.63±16.97
	T1	−13.33±20.82	25.93±23.13
	T10	−13.33±11.55	11.11±38.49
40	CK	−8.33±28.87	0.00±16.67
	E1	−8.33±14.43	0.00±16.67
	T1	−4.17±26.02	−8.33±22.05
	T10	0.00±21.65	−11.11±9.62
50	CK	−36.67±11.55	−5.56±26.79
	E1	−30.00±26.46	−11.11±17.35
	T1	−23.33±15.28	−8.33±14.43
	T10	−36.67±5.77	−5.56±12.73

注：表内数值为平均值±标准差($n=3$)。

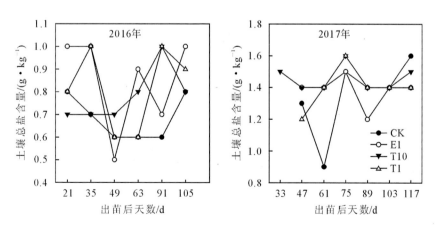

注：CK,全生育期覆膜；T1,出苗后第 1 次灌溉前揭膜；E1,出苗后第 2 次灌溉前揭膜；T10,出苗后第 1 次灌溉前 10 d 揭膜。

图 4－10　2016—2017 年 0～30 cm 土层总盐含量动态变化

2.4　揭膜条件下棉花典型生育期土壤盐分三维分布特征

在初花期(图 4-11),2016 年 CK 处理土壤盐分富集区在各土层分布得较为均匀和分散,而其余 3 个揭膜处理盐分富集区则比较集中。2017 年各处理土壤盐分富集区分布虽然也比较集中,但集中趋势不如 2016 年明显,CK 和 E1 2 个处理土壤盐分主要集中在两膜交接处和下部土层,而 T1 和 T10 这 2 个处理含盐量高部位在土层上层。

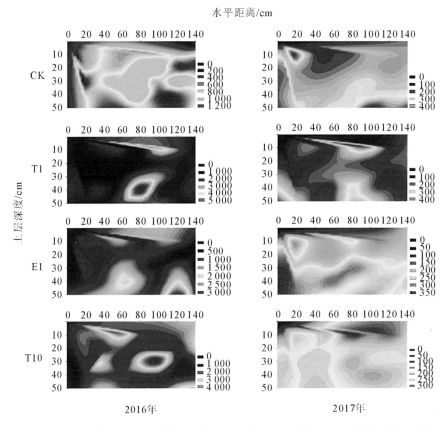

注:CK,全生育期覆膜;T1,出苗后第 1 次灌溉前揭膜;E1,出苗后第 2 次灌溉前揭膜;T10,出苗后第 1 次灌溉前 10 d 揭膜。

图 4-11　2016—2017 年初花期土壤电导率(μs·cm^{-1})三维分布

在花铃期(图 4-12),各处理土壤盐分富集区分布近一步集中,2016 年 CK 处理和 2017 年 T10 处理分布最均匀,2016 年 E1 和 T1 处理除了原有盐分高的部位外,盐分还在两膜交接处累积。而 T10 处理盐分最高的部位则位于水平距离 80~140 cm 的表层土壤内,这可能是因为 T10 处理水分蒸发强烈,盐分随水运动到表层土壤。2017 年除了 E1 处理盐分最高的部位移至 60~140 cm 的表层土壤内,其余处理同初花期盐分集中的位置变化不大。

到了吐絮期(图 4-13),2016 年 CK 处理盐分分布趋势基本不变,T1 和 E1 处理盐分富集区上移,而 T10 处理盐分富集区则下移。2017 年 T1 处理盐分富集区上移,E1 处理

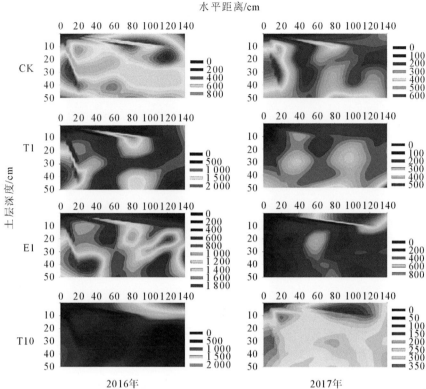

注:CK,全生育期覆膜;T1,出苗后第 1 次灌溉前揭膜;E1,出苗后第 2 次灌溉前揭膜;T10,出苗后第 1 次灌溉前 10 d 揭膜。

图 4-12　2016—2017 年花铃期土壤电导率(μs·cm^{-1})三维分布

盐分富集区下移,其余 2 个处理保持不变。

从上述 3 个时期的盐分分布趋势来看,2016 年 CK 处理各土层盐分富集区分布都比较均匀,2016 年揭膜处理及 2017 年 4 个处理盐分富集区分布则较为集中。由此可见,在多雨年份,覆膜处理各土层盐分富集区分布较均匀,且盐分含量较低。除此之外,各处理盐分富集区分布相对集中。

从图 4-14 中可以看出,2016 年,3 个时期各土层均是揭膜处理土壤盐分含量最高,这进一步表明揭膜在多雨年份(2016 年)增加了土壤盐分的累积。2017 年初花期,T1 和 T10 处理可以降低 20~50 cm 土层土壤含盐量,在花铃期,T1 和 T10 处理在各土层均能降低土壤含盐量。而在吐絮期,除了 E1 处理在 40~50 cm 土层含盐量最高外,其余土层均是 CK 处理含盐量最高。多因素方差分析结果表明,2 a 间只有生育期和处理对电导率有极显著的影响,土层深度对电导率影响不显著。事后多重比较显示,2016 年 CK 处理与各揭膜处理间差异均极显著,各揭膜处理间没有差异,而 2017 年则是除了 E1 与 CK 间、T1 与 T10 间差异不显著外,其余处理间差异均达到显著水平。由此可见,在 2017,揭膜抑制盐分累积的作用在后期较为明显。

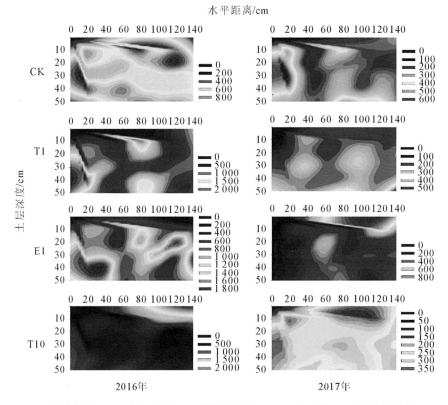

注:CK,全生育期覆膜;T1,出苗后第1次灌溉前揭膜;E1,出苗后第2次灌溉前揭膜;T10,出苗后第1次灌溉前10 d揭膜。

图4-13　2016—2017年吐絮期土壤电导率(μs·cm^{-1})三维分布

3　讨论

3.1　揭膜对土壤水分的影响

李玉玲等(2016)研究发现,覆盖地膜可明显改善土壤水温条件,且在降水较少的年份优势更明显。Kader等(2017)研究表明,覆膜能减少土壤水分消耗和增加水分利用效率,有利于大豆产量的提高。De Souza(2011)研究结果表明,地膜覆盖在保持土壤水分和减少变异系数方面是有效的,也降低了土壤水分的空间变异性。樊廷录等(2016)研究表明,全膜双垄沟在伏旱严重年份的抗旱增产作用明显,此模式在玉米产量增加和WUE提高的同时并没有过多消耗土壤水分,土壤深层未形成低湿层。但也有研究表明,覆膜通过改变土壤水热状况而促进作物的生长,导致作物耗水量增大,使得覆膜在抑制土壤水分无效蒸发的同时,出现"奢侈耗水"现象(刘胜尧等,2014),造成对土壤水分和肥力的"透支",不利于农业可持续发展。刘胜尧等(2015)发现膜内高温导致土壤水分的蒸发潜势增加,从而可能加重旱情。孙仕军等(2014)则发现,采用覆膜种植模式在增加玉米产量的同时也会导致土壤库存水量降低。柴守玺等(2015)研究发现,地膜覆盖可显著改善0~20 cm土

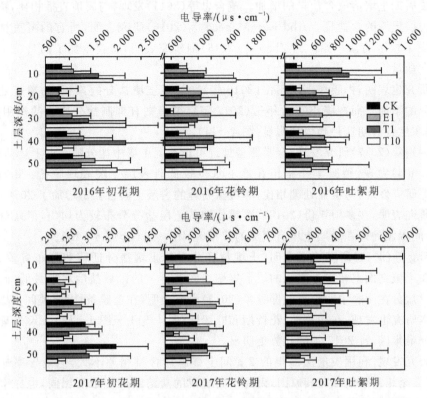

注：CK，全生育期覆膜；T1，出苗后第 1 次灌溉前揭膜；E1，出苗后第 2 次灌溉前揭膜；T10，出苗后第 1 次灌溉前 10 d 揭膜；误差棒代表标准差（n=7）；IFS，初花期；BBFS，花铃期；BOS，吐絮期。

图 4-14　2016—2017 年不同生育期各土层土壤电导率

壤墒情，但降低了小麦拔节后 20～90 cm 以及全生育期 90～200 cm 土层范围内的含水量。

李君等（2016）研究发现，棉花花期前揭膜可导致土壤含水量显著降低，而在花期后揭膜则对土壤含水量无显著影响。张占琴等（2016）研究发现，在出苗后第 4 次灌水前，揭膜会降低土壤湿度。夏智汛等（1994）研究表明：灌前揭膜比膜上灌的表面 0～35 cm 土层的土壤含水量平均低 18.2%，最多的降低 30%，产量降低 13.9%。

本研究也表明，在 2017 年，0～60 cm 土层覆膜处理土壤含水量较高。而在 60～100 cm 土层，则是 T1 处理土壤水分含量最高（图 4-3，图 4-4）。2016 年降水较多，揭膜对土壤水分影响不明显，在生育后期甚至高于对照（图 4-2）。

3.2　揭膜对土壤盐分的影响

膜下滴灌通过对其控制性精准灌溉的灵活应用，可达到生育期控盐与非生育期排盐的结合（杨鹏年等，2011；Tan，et al.，2017）。前人对覆膜与否条件下土壤盐分的时空运移规律研究得较透彻，但在生育期内揭除地膜后土壤中盐分如何变化研究得很少。赵永敢等（2013）发现，地膜覆盖可减少土壤水分散失和减弱盐分表聚。李君等（2016）研究发现，不同时期揭膜可降低 0～40 cm 土层的土壤含盐量。黄强等（2001）研究表明，覆膜处理抑制了后期土壤溶液含盐量的增加。董合忠等(2011)发现,与露地直播相比,覆膜能降低棉田表层土壤的含盐量。Abd El—Mageed等(2016)研究表明,所有的覆盖材料都有效地减少了根区的盐积累。而Zhao等(2016)则研究表明,覆膜增加了向日葵生育后期土壤的含盐量。

本研究也表明,揭膜在多雨年份(2016年)增加了土壤盐分的累积,而覆膜处理则抑制了盐分的增加。而在降雨正常年份(2017年),揭膜则有抑制盐分累积的作用(图4—9),且越在生育后期这种趋势越明显(图4—14)。

齐智娟等(2017)研究发现,全膜覆盖处理可以减弱土壤中盐分随水向上运动的趋势。刘铭等(2004)发现,覆膜旱作稻田在地下水位较低时表层土壤表现脱盐。Bezborodov(2010)等研究发现,与覆盖处理相比,非覆盖处理的表层土壤含盐量增加了20%。

本研究表明,在多雨年份(2016),覆膜处理各土层盐分分布较为均匀,但盐分含量较低。2 a间揭膜处理在表层土壤有明显的聚集区(图4—11至图4—13)。

Zhang等(2014)研究结果表明,土壤粒径分布对土壤盐分迁移和分布有较大影响。盐分会在土壤剖面上相对不透水的层上集聚。滴灌带下的区域盐度水平最低,而在生长期结束时盐分在两膜中间积累。邵春琴(2013)研究表明,在覆膜条件下,膜间土壤含盐量最高。本研究也发现,在初花期、花铃期和吐絮期(图4—11至图4—13),CK处理在膜间均有盐分聚集区,且2017年的趋势更明显。

本研究发现,利用质量法测得的2 a间土壤总盐含量相差不大,但电导率却相差较大,有的甚至相差数倍。究其原因,因为不同组成的盐溶液即使浓度相同,电导率也不相同,所以不能从测得的电导率用统一的公式换算成盐浓度。

4 小结

2016年降雨较多,揭膜对土壤水分影响不明显,在生育后期甚至高于对照。2017年降雨正常,揭膜降低了0~60 cm土层的土壤水分,且揭膜时间越早,土壤水分含量越低。在60~100 cm土层,则是T1处理土壤水分含量最高。揭膜在多雨年份(2016年)促进土壤盐分的累积,而在降雨正常年份(2017年),则对盐分累积有抑制作用,且越在生育后期这种趋势越明显。在多雨年份,覆膜处理各土层盐分分布较为均匀,且盐分含量较低。其他年份,各处理均呈现较明显的盐分聚集区。揭膜处理在表层土壤有明显的聚集区,2017年CK处理则在两膜交接处有明显的聚集区。

第 5 章　揭膜条件下棉花养分吸收与土壤养分变化

　　覆膜通过改变土壤温度、水分、养分、微生物活性等条件影响土壤理化性质与作物生长状况,从而影响作物产量。覆膜条件下各个因素共同作用,对土壤环境与作物形成综合效应(蒋锐等,2017;Filipović,et al.,2016)。气候条件不同、耕作方式不同,覆膜对土壤肥力和作物养分吸收的效应也不同。覆膜可以通过加速养分循环和促进稳定的 C 池生产,提高土壤的健康水平(Jin,et al.,2018)。在降雨较多地区,地膜覆盖减少了地表径流,在降雨期间累积的总氮和磷的损失也显著降低(Liu,et al.,2012),但在干旱半干旱地区,覆膜对土壤养分的影响有不同的结果,一方面,覆膜可以促进土壤养分的转化,提高土壤有机质、活性有机质、碱解氮、速效磷和速效钾含量(曹雪敏,2015);另一方面,覆膜技术在大幅度提高干旱半干旱地区作物产量的同时,也给保持土壤肥力方面带来了巨大挑战(Zhou,et al.,2012)。汪景宽等(1990)研究指出,覆膜会导致作物出现生理性"早衰",原因可能是土壤肥力较弱,加上作物前期的徒长,使作物后期营养不足,出现早衰现象。在农业生产中覆膜会使微生物数量和活性增强,加速有机质的分解作用,有利于有机氮的矿化和磷的释放,但是长期覆膜和不合理的耕作方式会导致土壤有机质的耗竭,通过透支"地力"而获得高产是难以持续的(蒋锐等,2017)。

　　大多数研究(葛均筑等,2016;王彩绒等,2004;Kuma,et al.,2011;冯倩,2013)认为,覆膜可以促进作物对养分的吸收和积累,促使养分从营养器官到生殖器官的转运,提高肥料利用效率。但也有研究表明,塑料薄膜覆盖对植株中氮、磷、钾含量无显著影响(Olave,et al.,2017)。

　　前人的研究多集中在覆膜与否对土壤肥力和作物养分吸收的影响(张鹏,2012;李利利等,2007;Li,et al.,2007;Li,et al.,2004;周丽敏,2009),对覆盖一段时间后揭除地膜条件下土壤肥力变化与作物养分吸收涉及的很少。有研究指出,半干旱农业系统地膜覆盖的好处是巨大的,但要充分发挥其潜力,则取决于在生长季节,地膜覆盖的时间有多长(Li,et al.,2004)。因此,有必要弄清楚棉花在不同时期揭膜后土壤肥力的变化及棉花养分吸收规律,以便有针对性的制定水肥管理措施,为棉花揭膜后的高产高效栽培提供理论支撑。

1　材料与方法

1.1　样品采集与测定

　　于 2015—2017 年,在棉花播种后和收获前取土样,播种后按照梅花形采样法,在大田中选取 5 个点,垂直方向每 10 cm 为 1 层,取样深度 0～50 cm,将同一深度层的 5 个样点的土壤混匀作为 1 个土样,播种后共计 5 个土样,土样于阴凉处风干;收获前分别在每个处理的宽行和窄行中间各取 1 点,垂直方向每 10 cm 为 1 层,取样深度 0～50 cm,每处理将宽行和窄行中间同一深度层的 2 个样点土样混匀作为 1 个土样,即每处理 5 个土壤样,将土样在阴凉处风干。测定播种后 5 个土样和收获前 4 个处理 3 次重复共计 12 个土样的土壤养分含量。测试项目及方法如下:有机质(LY/T 1237－1999),全氮(LY/T 1228－2015),全磷(LY/T 1232－2015),全钾 (NY/T 87－1988),水解性氮 (LY/T 1228－2015),有效磷(LY/T 1232－2015),速效钾(NY/T 889－2004)。

在 2015 年棉花收获前,以两膜交接处为原点,垂直棉行方向 140 cm 每隔 10 cm 为 1 个样点,共 14 个样点,土壤深度 70 cm 方向每 10 cm 为 1 层,共 7 层,采集宽 140 cm,深 70 cm 土壤剖面的 98 个样点的土样,于阴凉处风干后测定水解性氮(LY/T 1228－2015),有效磷(LY/T 1232－2015),速效钾(NY/T 889－2004)含量。

2015—2017 年,分别于出苗后 35 d、21 d、33 d 开始,每隔 14 d 取 1 次植株样,参考杨相昆等(2015)的方法,采用"相似株"法取样,每小区取 3 株,在本次取样时选择长势一致的植株作为下次取样的样株并做好标记。植株样品取回后按器官分样,随后在烘箱中 105℃杀青 30 min,之后 80℃烘干 8～10 h 至恒重,将 3 个重复的植株样混合粉碎后测定植株全氮(GB/T 6432－1994)、全磷(GB/T 6437－2002)、全钾(GB/T 13885－2003)含量。成熟期样品分器官(根、茎秆、叶片(包含叶柄)、铃)测定全氮(GB/T 6432－1994)、全磷(GB/T 6437－2002)、全钾(GB/T 13885－2003)含量,每处理 3 个重复均测定。

在取植株样的同时取每处理 0～30 cm 土壤,每处理将宽行和窄行中间同一深度层的 2 个样点土样混匀作为 1 个土样。将同一处理 3 个重复的土壤样品混匀,于阴凉处风干后测定水解性氮 (LY/T 1228－2015)、有效磷(LY/T 1232－2015)、速效钾(NY/T 889－2004)含量。

本章以新陆早 42 号为试验材料。土壤及植株样品均委托农业部食品质量监督检验测试中心(石河子)采用国标及相关行业标准测定。

1.2　数据处理

运用 Microsoft Excel 2010 软件对数据进行处理,做图采用 SigmaPlot 12.5 软件,利用 DPS16.05 软件(Tang and Zhang,2013)进行方差分析,其中多重比较采用 LSD 法。养分积累方程的模拟采用 DPS16.05 软件(Tang and Zhang,2013)和麦夸特(Marquardt)法。

2　结果与分析

2.1　揭膜条件下棉花生育期内土壤有机质含量变化

2015—2017 年播种后有机质主要分布在 0～30 cm 土层内(表 5－1),年际间变化不大。至收获前(图 5－1,表 5－2),经过 1 个生育期的变化,在 30～50 cm 土层,除了 2016 年 30～40 cm 土层 CK、T1、E1 这 3 个处理外,其余处理在生育期末有机质均有增加。2015 年 T10 处理(30～50 cm 土层)、2016 年 T10 处理(30～40 cm 土层)和 T1 处理(40～50 cm 土层)、2017 年 E1 处理(30～50 cm 土层)有机质增幅最大。在 0～30 cm 耕层,2015 年 T10 处理有机质在 0～10 cm 土层减少的最少,在 10～30 cm 土层增加的最多。

2016 年揭膜处理均比 CK 处理有机质增加的多。在 0～20 cm 和 20～30 cm 土层有机质增加最多的分别是 T1 处理和 E1 处理,2017 年 0～30 cm 土层有机质增加最多的是 E1处理。多因素方差分析结果表明,处理和土层深度对有机质变化没有显著影响,2015 年,只有 T10 处理与 CK 和 E1 处理间差异显著;2016 年与 2017 年,各处理间差异不显著。

表 5-1　2015—2017 年播种后各土层有机质含量

土层深度/cm	有机质含量/(g·kg⁻¹)		
	2015 年	2016 年	2017 年
0～10	17.9	15.4	17.6
10～20	16.8	16.0	16.8
20～30	16.6	14.1	18.2
30～40	8.6	8.0	7.4
40～50	6.6	4.4	4.1

表 5-2　2015—2017 年收获前各土层有机质含量较播种后增减情况

土层深度/cm	处理	有机质含量较播种后增减情况/%		
		2015 年	2016 年	2017 年
10	CK	−5.59±11.54	3.46±14.77	10.80±2.95
	E1	−8.57±5.87	22.94±6.41	35.42±15.58
	T1	−10.61±7.82	29.65±7.86	−1.14±3.46
	T10	−1.49±5.60	19.26±49.54	−8.33±12.24
20	CK	0.40±4.85	3.96±17.19	9.92±11.74
	E1	−2.38±9.94	10.21±9.15	28.57±13.73
	T1	3.37±1.72	9.79±4.25	−1.98±9.62
	T10	7.74±12.81	9.17±14.38	8.13±7.54
30	CK	−4.02±5.43	2.60±3.91	−11.90±6.37
	E1	−1.41±12.38	14.66±12.39	12.09±6.19
	T1	2.21±1.25	8.04±3.91	−11.54±7.61
	T10	5.42±5.15	2.84±5.54	−16.85±17.55
40	CK	84.50±9.47	−8.75±30.03	15.29±19.70
	E1	85.27±8.17	−0.83±30.86	69.15±3.58
	T1	84.88±3.08	−12.50±37.33	24.00±27.46
	T10	93.02±19.04	4.17±18.93	17.10±45.65
50	CK	77.27±100.22	9.85±26.14	15.44±25.74
	E1	68.69±42.46	30.30±43.68	197.39±7.08
	T1	97.98±55.57	36.36±31.82	26.96±12.57
	T10	104.55±51.58	32.58±48.76	61.27±100.05

注:表内数值为平均值±标准差($n=3$)。

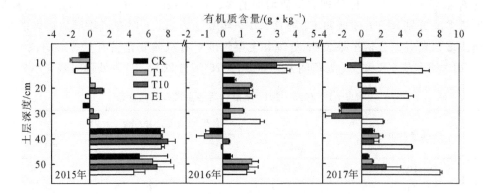

注:CK,全生育期覆膜;T1,出苗后第 1 次灌溉前揭膜;E1,出苗后第 2 次灌溉前揭膜;T10,出苗后第 1 次灌溉前 10 d 揭膜;误差棒代表标准差(n=3)。

图 5-1　2015—2017 年收获前各土层有机质含量较播种后增减情况

2.2　揭膜条件下棉花生育期内土壤全氮、全磷、全钾含量变化

2015—2017 年播种后土壤全氮、全磷主要分布在 0~30 cm 土层内,年际间变化不大。而土壤全钾在各土层中的分布较为均匀,年际间变化较大(表 5-3)。

表 5-3　2015—2017 年播种后各土层全氮、全磷、全钾含量

土层深度 (cm)	全氮/(g·kg⁻¹)			全磷/(g·kg⁻¹)			全钾/(g·kg⁻¹)		
	2015	2016	2017	2015	2016	2017	2015	2016	2017
0—10	1.10	1.14	1.10	1.10	0.96	1.08	18.5	21.3	10.2
10—20	1.14	1.04	1.20	1.14	0.88	1.14	18.2	22.3	9.8
20—30	1.13	0.93	0.98	1.13	0.97	1.06	18.7	22.5	8.6
30—40	0.74	0.54	0.48	0.74	0.82	0.79	16.4	21.5	9.5
40—50	0.66	0.40	0.39	0.66	0.66	0.72	18.4	20.4	8.4

至生育期末(图 5-2,表 5-4),2015—2017 年各土层土壤全氮含量较播种后增幅最高的处理分别为 T10、T1、T10、CK、T10(5 个处理所在土层分别为 0~10 cm、10~20 cm、20~30 cm、30~40 cm、40~50 cm,下同,2015 年);T10、T1、CK(降幅最少)、CK、T10(2016 年);CK、CK(降幅最少)、CK、CK、T1(2017 年)。由此可见,在 0~10 cm 和 40~50 cm 土层,均是揭膜处理土壤全氮含量增幅最高,除了 2017 年 CK 处理在 0~40 cm 土层增幅最高,2015—2016 年均是 T10 处理在 0~10 cm 和 40~50 cm 土层增幅最高。在其余土层,2015—2016 年揭膜处理土壤全氮含量增加幅度最大的占多数。多因素方差分析结果表明,处理和土层深度对全氮含量变化均没有显著影响,2015 年,只有 E1 和 T10 处理间差异显著;2016 年和 2017 年,只有 CK 和 T10 处理间差异显著。

2015—2017 年收获前各土层土壤全磷含量较播种后增幅最高的处理分别为 E1、T10、T1、E1、T1(2015 年);T10、T10、E1、E1、CK(2016 年);T1、E1(降幅最少)、T10、E1、E1(2017 年)。在大多数土层,揭膜处理土壤全磷含量收获前较播种后增幅最大。多因素

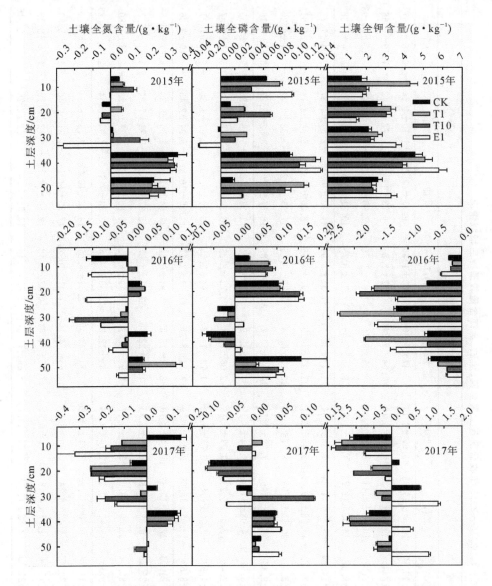

注:CK,全生育期覆膜;T1,出苗后第 1 次灌溉前揭膜;E1,出苗后第 2 次灌溉前揭膜;T10,出苗后第 1 次灌溉前 10 d 揭膜;误差棒代表标准差($n=3$)。

图 5-2 2015—2017 年收获前各土层全氮、全磷、全钾含量较播种后增减情况

方差分析结果表明,2015 年,处理和土层深度均对全氮含量变化有显著影响,T1、T10 与CK 处理间,E1 与 T1 处理间差异显著;2016 年和 2017 年,处理和土层深度对全磷含量变化均没有显著影响,3 个揭膜处理与 CK 处理间均差异显著,揭膜处理间差异均不显著。

土壤全钾含量年际间变化趋势相差较大,收获前较播种后相比,2015 年全钾含量均呈增加趋势,而在 2016 年均呈减少趋势,在 2017 年绝大部分处理都呈减少趋势。2015年各土层全磷含量增加幅度最大的处理分别为 T1、T1、E1、E1、E1;2016 年各土层全磷含量减少幅度最小的处理分别为T1、CK、T10、T10、T10;2017年0~10 cm土层减少幅度

表 5-4 2015—2017 年收获前各土层全氮、全磷、全钾含量较播种后增减情况

土层深度/cm	处理	全氮/%			全磷/%			全钾/%		
		2015	2016	2017	2015	2016	2017	2015	2016	2017
10	CK	4.24±5.55	-9.06±12.10	13.64±19.09	6.67±2.19	3.47±7.89	0.00±1.60	9.37±18.19	-1.10±4.44	-10.46±9.67
	E1	-0.30±6.58	-9.06±8.43	-29.09±39.38	10.53±2.79	7.64±5.24	0.62±2.83	9.73±12.24	1.72±5.42	-7.19±5.66
	T1	6.36±11.89	-0.29±2.82	-10.00±2.41	8.77±4.38	8.33±3.76	1.85±1.85	23.06±12.16	-0.78±5.48	-13.73±11.93
	T10	11.52±16.89	2.05±9.38	-14.55±12.73	4.56±1.22	9.38±7.86	-2.47±8.75	10.81±7.51	-0.94±1.69	-15.36±6.38
20	CK	-3.80±11.04	3.21±14.69	-5.56±11.34	1.39±4.34	11.74±12.04	-7.31±3.96	14.10±10.72	-2.84±1.87	2.04±1.77
	E1	-4.97±4.33	-11.22±2.78	-15.83±10.44	2.43±2.17	17.05±10.96	-4.97±3.55	8.06±10.72	-5.38±3.14	-1.70±9.81
	T1	5.26±15.79	4.49±5.47	-20.56±1.92	3.47±3.18	12.12±6.56	-7.89±3.16	17.95±9.22	-7.32±2.74	-5.44±9.20
	T10	-4.09±7.09	3.21±9.49	-20.56±0.96	7.29±4.54	17.42±5.72	-5.85±4.83	16.67±9.99	-8.52±3.23	-10.88±1.18
30	CK	0.88±13.39	-0.72±5.92	4.08±11.36	-0.34±3.15	-4.12±1.79	-2.83±0.94	11.23±9.26	5.48±2.86	9.30±4.65
	E1	-23.30±34.34	-8.24±2.48	-13.61±6.23	-3.09±5.36	2.06±6.44	-4.72±2.83	18.89±9.45	-6.96±3.59	15.50±5.97
	T1	1.18±8.50	-2.15±4.93	-2.72±9.64	3.78±1.19	-1.72±1.19	-0.94±5.25	13.90±9.90	-10.07±1.80	-5.04±7.91
	T10	14.45±32.75	-16.13±8.53	-19.05±15.69	2.06±3.09	-4.81±3.31	11.64±2.37	11.76±10.81	-5.04±2.45	-3.10±3.36
40	CK	50.00±20.27	9.88±21.06	27.78±13.87	11.24±4.70	-8.13±15.35	5.91±6.24	27.64±11.07	-2.95±8.39	-6.67±11.55
	E1	44.59±13.71	-8.02±25.28	-0.69±3.18	16.28±2.33	1.63±22.66	7.17±3.87	35.37±9.52	-5.74±7.91	5.61±15.34
	T1	42.79±13.54	-1.23±32.94	25.00±19.09	15.50±5.97	-6.91±8.82	5.49±6.37	30.89±10.23	-8.37±1.23	-12.63±3.80
	T10	47.75±5.63	-3.09±9.13	18.75±30.69	12.79±9.08	-2.85±12.22	5.49±15.83	23.58±7.15	-2.95±0.54	-12.28±15.23
50	CK	35.86±52.32	10.00±11.46	0.00±17.95	2.11±16.28	23.74±48.40	2.31±6.85	14.13±10.07	-2.78±8.64	-0.79±11
	E1	32.32±30.65	-6.67±20.82	-3.42±8.24	3.80±3.35	14.65±24.16	7.41±10.24	17.75±11.16	1.31±9.46	12.70±5.63
	T1	34.85±16.67	33.33±17.56	1.71±1.48	14.77±6.50	7.58±14.61	0.93±6.42	12.32±12.12	-2.12±3.19	-4.76±8.25
	T10	45.45±30.75	10.00±21.79	-12.82±13.57	11.39±10.13	15.66±11.37	1.85±8.49	12.68±8.85	-1.31±2.26	-4.76±24.16

注:表内数值为平均值±标准差($n=3$)。

最少的为 T10 处理,10～20 cm 土层只有 CK 处理增加,20～50 cm 土层增幅最大的均为 E1 处理。多因素方差分析结果表明,3 a 间,处理和土层深度均对全磷含量变化无显著影响,各处理间差异也不显著。

2.3　揭膜条件下棉花生育期内土壤速效氮、磷、钾含量变化

2015—2017 年播种后土壤水解性氮、有效磷、速效钾主要分布在 0～30 cm 土层内,各土层水解性氮、速效钾含量年际间变化不大,0～30 cm 土层有效磷含量年际间变化幅度较大(表 5—5)。

表 5—5　2015—2017 年播种后各土层速效氮磷钾含量

土层深度 /cm	水解性氮 /(mg·kg⁻¹)			有效磷 /(mg·kg⁻¹)			速效钾/(mg·kg⁻¹)		
	2015	2016	2017	2015	2016	2017	2015	2016	2017
0～10	80.0	71.0	63.4	13.4	33.0	23.4	332	497	471
10～20	79.2	72.4	77.8	15.4	24.5	34.0	324	428	476
20～30	101.0	71.7	69.0	12.7	25.6	21.6	302	386	376
30～40	71.3	50.4	48.1	5.6	5.8	6.2	194	240	211
40～50	80.6	52.8	30.4	4.8	4.8	3.6	148	174	156

至生育期末(图 5—3,表 5—6),与播种后相比,2015 年各土层水解性氮含量基本呈增加趋势,而 2016—2017 年则基本呈减少趋势。但在 0～10 cm 土层,除了 2017 年 T10 处理下降外,其余揭膜处理均能增加水解性氮的含量。2015 年各土层有效磷含量均呈增加趋势,2016—2017 年大部分处理也呈增加趋势。2015—2016 年土壤有效磷含量在各土层增幅最高的处理分别为 E1、E1、T10、E1、CK(2015 年);T10、CK、CK(降幅最低)、T10、T1(2016 年);2017 年 CK 处理各土层土壤有效磷含量增幅均最高。2015—2017 年土壤速效钾含量在各土层增幅最高的处理分别为 E1、E1、E1、E1、T10(2015 年);T10、T10、E1、T10、T10(2016 年);E1(降幅最低)、CK(降幅最低)、E1、T1、E1(2017 年)。

多因素方差分析结果显示,土层深度和处理对水解性氮含量变化均没有显著影响;2015 年,E1 和 T10 处理分别与 CK、T1 处理间差异显著;2016 年和 2017 年,各处理间差异均不显著。

土层深度和处理对速效磷含量变化均没有显著影响;2015 年,E1 与 CK、T1 处理间差异显著;2016 年和 2017 年,各处理间差异均不显著。

处理和土层深度对速效钾含量变化没有显著影响;2015 年,除了 T1 与 CK 处理间、E1 与 T10 处理间差异不显著外,其余处理间差异均显著;2016 年,只有 E1、T10 这 2 个处理与 CK 处理间差异显著,其余处理间差异均不显著;2017 年,只有 E1 与 T10 这 2 个处理间差异显著。

2.4　揭膜条件下棉花生育期末土壤速效氮、磷、钾三维分布

覆膜条件下水解性氮(图 5—4)仅在两膜交接处的表层土壤有较为明显的富集区,而

揭膜处理除了在上述区域富集外,水平方向 60～80 cm 和 140 cm 处(大概位于滴灌带下方)也有较为明显的富集区。其余土层也有水解性氮的富集区,各个聚集区相对比较分散,平均分布在各土层中。

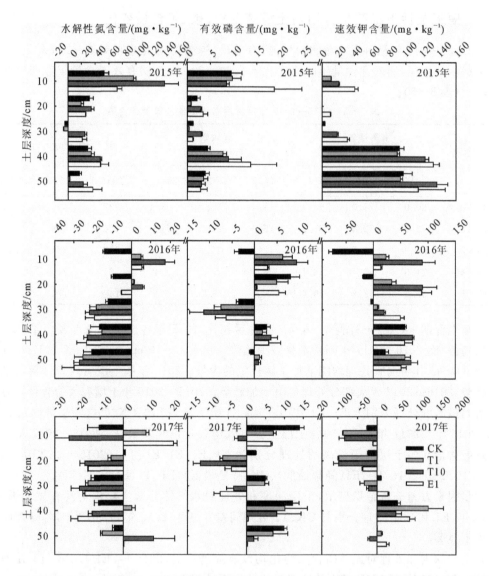

注:CK,全生育期覆膜;T1,出苗后第 1 次灌溉前揭膜;E1,出苗后第 2 次灌溉前揭膜;T10,出苗后第 1 次灌溉前 10 d 揭膜;误差棒代表标准差($n=3$)。

图 5-3　2015—2017 年收获前各土层速效氮磷钾含量较播种后增减情况

表 5—6　2015—2017 年收获前各土层速效氮磷钾含量较播种后增减情况

土层深度/cm	处理	水解性氮/%			有效磷/%			速效钾/%		
		2015	2016	2017	2015	2016	2017	2015	2016	2017
10	CK	65.89±20.88	-19.62±5.20	-16.46±39.71	70.07±43.37	-10.71±25.28	59.97±13.34	-4.61±3.78	-15.09±7.45	-5.38±3.93
	E1	89.65±19.43	7.65±17.88	34.65±9.76	139.83±75.95	8.89±11.28	27.49±6.18	11.73±11.45	2.68±19.32	-2.12±4.88
	T1	120.31±8.96	6.95±24.52	15.83±14.37	72.39±32.98	19.09±39.87	30.20±13.49	3.25±3.09	4.63±24.40	-18.40±1.51
	T10	176.78±40.55	24.41±35.81	-37.38±36.98	62.85±11.66	28.28±34.14	-10.40±36.94	6.00±6.87	17.97±30.67	-17.55±14.14
20	CK	40.09±25.41	-13.44±8.29	0.90±36.57	13.80±35.43	32.52±34.34	6.67±10.33	-2.55±1.77	-4.21±7.99	-4.76±7.66
	E1	33.40±0.76	-7.18±4.82	-19.37±1.51	22.38±33.92	21.90±34.08	-12.35±37.04	2.99±6.65	20.64±25.02	-7.63±6.17
	T1	24.32±25.90	1.70±32.41	-6.81±24.16	4.89±13.31	20.00±62.30	-19.12±9.68	-6.04±1.50	7.87±26.61	-20.45±2.00
	T10	43.38±17.69	8.20±13.01	-21.51±9.65	18.87±9.94	1.90±26.55	-36.67±10.13	-2.71±1.44	20.95±35.3	-20.59±10.29
30	CK	-4.85±1.79	-17.06±8.43	-17.87±10.42	9.43±5.16	-13.80±13.33	23.15±7.73	1.09±7.13	-1.21±6.52	2.66±6.64
	E1	21.01±37.81	-26.73±17.81	-24.20±3.97	9.26±15.52	-24.87±27.66	-33.49±14.98	9.98±9.77	12.78±16.40	7.18±9.69
	T1	-6.37±13.69	-25.38±14.07	-22.08±5.35	2.47±11.03	-29.17±14.77	22.22±26.90	-6.59±2.40	1.99±25.54	-8.69±31.92
	T10	24.44±15.71	-30.36±6.63	-27.63±14.41	24.01±9.27	-44.27±17.14	-16.36±46.67	5.99±5.62	5.01±14.12	-5.76±23.01
40	CK	40.73±27.63	-32.87±18.88	-22.04±14.17	78.17±21.44	45.98±46.27	196.77±43.4	47.55±8.85	24.17±5.2	24.49±18.05
	E1	66.91±39.82	-45.97±12.33	-41.09±9.54	244.48±139.18	54.02±130.60	4.84±35	68.42±9.24	23.75±32.12	39.18±23.27
	T1	48.08±19.28	-30.36±30.55	8.18±39.54	136.98±23.12	29.89±68.99	163.44±155.39	46.29±4.39	-0.28±31.69	61.45±48.24
	T10	66.21±7.56	-45.50±4.24	-27.72±9.51	158.02±80.73	62.64±65.21	127.96±186.21	63.38±5.98	30.00±4.64	22.75±34.64
50	CK	20.69±22.64	-38.83±13.07	-12.94±16.96	79.77±43.36	-18.06±21.41	274.07±30.6	65.45±18.52	12.45±31.96	0.21±26.56
	E1	45.37±52.64	-56.57±19.64	1.10±25.58	60.14±77.38	2.08±42.13	3.70±46.67	77.63±49.95	29.31±24.47	14.96±35.95
	T1	2.78±11.90	-47.54±9.74	-29.82±4.82	72.27±48.36	24.31±47.52	192.59±166.88	63.17±5.10	33.33±23.75	6.84±25.30
	T10	28.06±34.02	-51.14±5.46	43.86±98.86	63.70±42.05	18.75±62.60	51.85±94.66	92.34±18.93	39.85±23.74	-11.97±22.79

注：表内数值为平均值±标准差（n=3）。

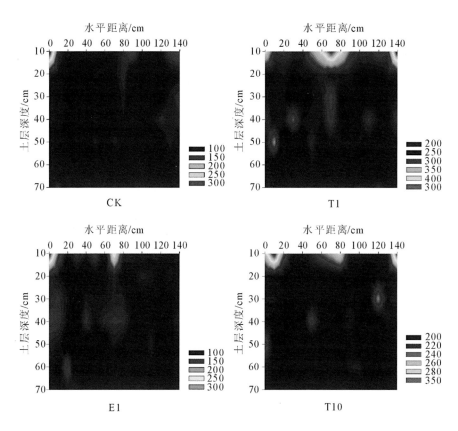

注:CK,全生育期覆膜;T1,出苗后第 1 次灌溉前揭膜;E1,出苗后第 2 次灌溉前揭膜;T10,出苗后第 1 次灌溉前 10 d 揭膜。

图 5—4　2015 年收获前土壤水解性氮(mg·kg⁻¹)空间分布

各处理土壤有效磷(图 5—5)分层分布趋势明显,主要分布在 0～50 cm 土层内。50～70 cm 土层有效磷含量很低。CK 和 T10 处理在 0～30 cm 土层、E1 和 T1 处理在 0～30 cm 土层有 2 个较为明显的富集区,随着距离富集区位置越来越远,有效磷浓度逐渐降低。

土壤速效钾(图 5—6)在各土层中呈逐层分布,土层越深,速效钾含量越低。CK 处理在 0～30 cm 土层含量最高,富集区域不明显,而揭膜处理在 0～20 cm 土层含量高,有 2 个较为明显的富集区域。

2.5　揭膜条件下棉田土壤速效氮、磷、钾含量动态变化

如图 5—7 所示,在棉花整个生育期,0～30 cm 耕层内土壤水解性氮基本呈下降趋势,至生育期末,水解性氮含量最高的分别为 E1(2016 年)和 T1(2017 年)处理。有效磷和速效钾均呈波浪起伏的变化趋势,至生育期末,2 a 间有效磷含量最高的均为 T1 处理,速效钾含量最高的均为 E1 处理。

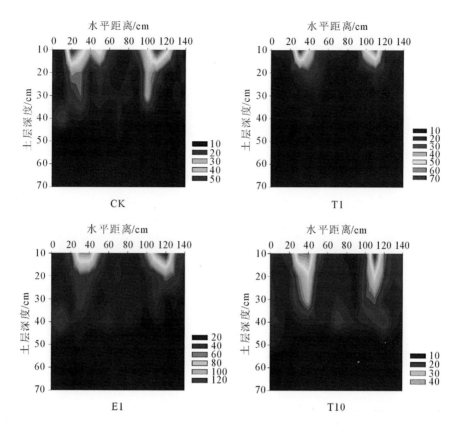

注:CK,全生育期覆膜;T1,出苗后第 1 次灌溉前揭膜;E1,出苗后第 2 次灌溉前揭膜;T10,出苗后第 1 次灌溉前 10 d 揭膜。

图 5-5　2015 年收获前土壤有效磷(mg·kg⁻¹)空间分布

2.6　揭膜条件下棉花植株氮、磷、钾含量动态变化

如图 5-8 所示,2015 年棉花植株氮磷钾含量及 2017 年棉株钾含量变化基本呈"倒 S 形"变化,先是缓慢上升,之后直线下降,后平稳或缓慢上升。2016 年棉株氮磷钾含量及 2017 年棉株氮磷含量的变化基本呈下降趋势。至生育期末,除了 2017 年 CK 处理钾含量最高外,其余含量最高的均是不同的揭膜处理。

2.7　揭膜条件下棉花植株氮、磷、钾积累量动态变化

如图 5-9 所示,在大部分时间,棉花植株氮磷钾养分积累量都是 CK 处理最高。各处理氮磷钾积累动态基本呈 S 形曲线变化,养分积累随着生育进程的推进而增加,其积累规律可用 Logistic 方程 $Y=K/(1+\exp(a+bt))$ 来拟合,a、b、K 待定系数见表 5-7,养分积累速率达到最大值的时间 T_{max},此时积累速率最大值 R_{max}、养分积累量 W_m,直线积累的开始时间 t_1 和结束时间 t_2,以及 t_1 和 t_2 期间养分积累量 $\Delta W_{t_2-t_1}$ 的计算参考明道绪 (2006)的方法。

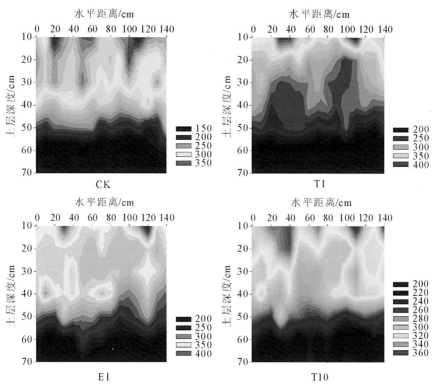

注:CK,全生育期覆膜;T1,出苗后第 1 次灌溉前揭膜;E1,出苗后第 2 次灌溉前揭膜;T10,出苗后第 1 次灌溉前 10 d 揭膜。

图 5—6　2015 年收获前土壤速效钾(mg·kg^{-1})空间分布

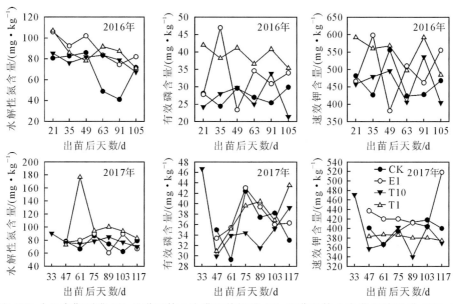

注:CK,全生育期覆膜;T1,出苗后第 1 次灌溉前揭膜;E1,出苗后第 2 次灌溉前揭膜;T10,出苗后第 1 次灌溉前 10 d 揭膜。

图 5—7　2016—2017 年生育期内 0~30 cm 土层土壤速效氮磷钾含量动态变化

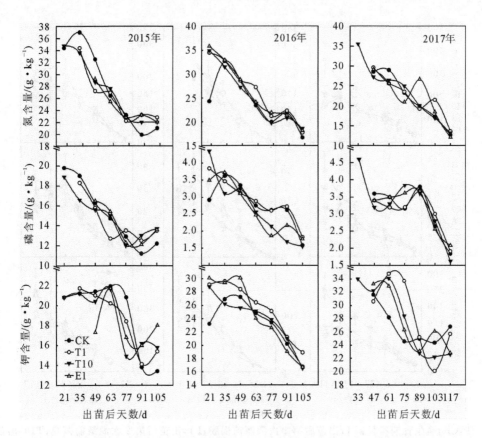

注:CK,全生育期覆膜;T1,出苗后第 1 次灌溉前揭膜;E1,出苗后第 2 次灌溉前揭膜;T10,出苗后第 1 次灌溉前 10 d 揭膜。

图 5-8　2015—2017 年生育期内棉株养分含量动态变化

2015 年棉花植株氮、磷、钾最大积累量(方程中 K 值)均为 CK 处理最高,其次为 T10 处理,R_{max} 和 W_m 也是 CK 处理最高。2016 年则是 T1 处理 K 值最高,R_{max} 最大为 CK 处理,但 W_m 最大却为 T1 处理。2015 年揭膜处理 T_{max} 和 t_1 均较 CK 处理大幅提前,而 2016 年揭膜处理 T_{max} 和 t_1 却略晚于 CK 处理。养分直线积累持续的时间 2015 年 CK 处理最长,2016 年则是揭膜处理最长。2017 年钾最大积累量为 CK 处理最高,氮、磷最大积累量为 E1 处理最高。氮、磷、钾 R_{max} 最高的处理分别为 E1、T10 和 CK。W_m 最高的处理分别为 E1、E1 和 CK。氮、磷 T_{max} 和 t_1 揭膜处理略晚于 CK 处理,钾则相反。养分直线积累持续的时间均是揭膜处理最长(其中钾直线积累时间 T1 处理和 CK 处理一样长,均为 83 d,但 CK 处理为出苗后 90~173 d,超过了棉花在北疆的生育期限)。

综上所述,多雨年份(2016 年)揭膜处理氮、磷、钾及 2017 年氮、磷最大积累量和养分积累速率最大时的积累量均较覆膜处理高,养分积累速率达到最大值和直线增长开始的时间较覆膜处理晚,但直线积累持续的时间长,2015 年氮、磷、钾及 2017 年钾情况则相反。2017 年钾的直线积累期也是揭膜处理最长。2015—2016 年氮、磷、钾及 2017 年钾积累速率最大值均是 CK 处理最大。

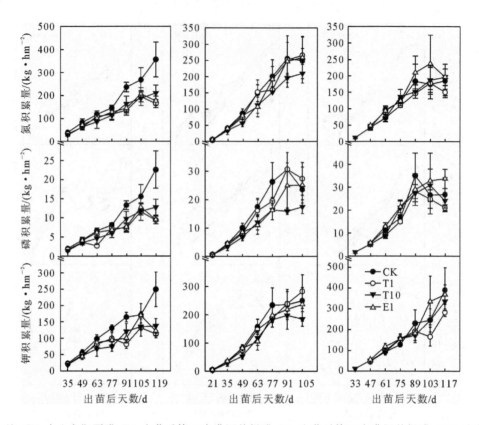

注:CK,全生育期覆膜;T1,出苗后第 1 次灌溉前揭膜;E1,出苗后第 2 次灌溉前揭膜;T10,出苗后第 1 次灌溉前 10 d 揭膜;误差棒代表标准差($n=7$)。

图 5－9　2015—2017 年生育期内棉花养分积累量动态变化

2.8　揭膜条件下棉花成熟期各器官养分积累与分配

如表 5－8 所示,2015—2016 年成熟期棉株各器官中氮的积累量从高至低依次为花铃＞叶片＞茎秆＞根系,2015 年 4 个器官中氮的积累量均是 CK 处理最高,其中 CK 处理花铃中氮积累量与其余 3 个揭膜处理有极显著的差异。积累量排序第 2 的处理花铃和叶片中为 T10,根和茎秆中为 T1。2016 年根系、茎秆、叶片和花铃 4 个器官中氮积累量最高的处理分别为 T1、CK、CK、T1。

2015—2016 年棉株各器官中磷的积累与分配见表 5－9,成熟期各器官中磷的积累量从高至低依次为花铃＞叶片＞茎秆＞根系,2015 年 4 个器官中磷的积累量均是 CK 处理最高,其中 CK 处理花铃中磷积累量与其余 3 个揭膜处理有极显著的差异。积累量排序第 2 的处理花铃、叶片和茎秆中为 T10,根中为 T1。2016 年根系、茎秆、叶片和花铃 4 个器官中磷积累量最高的处理分别为 T1、CK、T1、T1。

2015—2016 年棉株各器官中钾的积累与分配(表 5－10)规律与磷的积累与分配规律一致。

表 5-7 2015—2017 年生育期内棉花养分积累 Logistic 方程参数

养分	年份	处理	K	a	b	相关系数	T_{max}/d	R_{max}/(kg·hm⁻²·d⁻¹)	W_m/(kg·hm⁻²)	t_1/d	t_2/d	$\Delta W_{t_2-t_1}$/(kg·hm⁻²)
氮	2015	CK	582	3.649 7	-0.035	0.989 2**	104	5.09	291.00	67	142	167.91
		E1	206.62	3.101 7	-0.047 9	0.887 9*	65	2.48	103.31	37	92	59.61
		T1	195.9	2.783 9	-0.043 9	0.915 5**	63	2.15	97.95	33	93	56.52
		T10	270.02	3.147 5	-0.038 4	0.993 0**	82	2.59	135.01	48	116	77.90
	2016	CK	265.43	4.895 7	-0.078 4	0.993 5**	62	5.20	132.72	46	79	76.58
		E1	285.51	4.686 3	-0.067 7	0.981 5**	69	4.83	142.75	50	89	82.37
		T1	291.89	4.394 5	-0.063 5	0.984 0**	69	4.64	145.94	48	90	84.21
		T10	221.55	4.763 9	-0.072 0	0.997 7**	66	3.99	110.78	48	84	63.92
	2017	CK	188.64	4.733	-0.076 4	0.958 8**	62	3.60	94.32	45	79	54.42
		E1	226.42	5.078 4	-0.076 7	0.914 2**	66	4.34	113.21	49	83	65.32
		T1	168.76	4.594 8	-0.072 3	0.948 9**	64	3.05	84.38	45	82	48.69
		T10	199.65	4.692 6	-0.070 1	0.991 5**	67	3.50	99.82	48	86	57.6
磷	2015	CK	53.12	4.116 6	-0.032 5	0.990 7**	127	0.43	26.56	86	167	15.33
		E1	11.74	2.994 9	-0.046 4	0.727 9*	65	0.14	5.87	36	93	3.39
		T1	11.29	4.006 4	-0.056 0	0.867 0*	72	0.16	5.64	48	95	3.26
		T10	15.56	3.839 1	-0.047 0	0.984 5**	82	0.18	7.78	54	110	4.49
	2016	CK	27.76	5.894 5	-0.101 6	0.950 0**	58	0.71	13.88	45	71	8.01
		E1	29.52	4.173 9	-0.057 9	0.977 7**	72	0.43	14.76	49	95	8.52
		T1	30.54	5.073 5	-0.077 0	0.975 9**	66	0.59	15.27	49	83	8.81
		T10	17.41	5.293 4	-0.094 0	0.987 8**	56	0.41	8.7	42	70	5.02

续表 5—7

养分	年份	处理	K	a	b	相关系数	T_{max}/d	R_{max}/(kg·hm⁻²·d⁻¹)	W_m/(kg·hm⁻²)	t_1/d	t_2/d	$\Delta W_{t_2-t_1}$/(kg·hm⁻²)
	2017	CK	29.38	6.635 9	−0.101 7	0.827 9**	65	0.75	14.69	52	78	8.48
		E1	34.74	5.221 6	−0.077	0.998 5**	68	0.67	17.37	51	85	10.02
		T1	24.73	6.752 7	−0.103 6	0.860 9**	65	0.64	12.37	52	78	7.14
		T10	28.12	7.336 6	−0.112 8	0.959 3**	65	0.79	14.06	53	77	8.11
钾	2015	CK	389.85	3.210 6	−0.031 4	0.971 6**	102	3.06	194.92	60	144	112.47
		E1	144.63	3.691 3	−0.059 1	0.724 7*	62	2.14	72.32	40	85	41.73
		T1	122.1	2.825 5	−0.051 6	0.873 1*	55	1.58	61.05	29	80	35.22
		T10	163.72	3.234	−0.044 3	0.967 5**	73	1.81	81.86	43	103	47.23
	2016	CK	252.16	6.034 2	−0.101 4	0.989 0**	59	6.39	126.08	47	72	72.75
		E1	249.67	4.741 3	−0.073	0.970 8**	65	4.56	124.83	47	83	72.03
		T1	292.48	4.666 6	−0.068 7	0.995 0**	68	5.02	146.24	49	87	84.38
		T10	198.43	6.534 4	−0.107 2	0.983 7**	61	5.32	99.21	49	73	57.25
	2017	CK	973.77	4.206 1	−0.031 9	0.965 1*	132	7.78	486.88	90	173	280.93
		E1	563.44	3.923 2	−0.039 4	0.958 1*	100	5.55	281.72	66	133	162.55
		T1	391.11	3.043 8	−0.031 8	0.858 9**	96	3.11	195.56	54	137	112.84
		T10	528.94	3.916 1	−0.037 4	0.980 7**	105	4.95	264.47	69	140	152.6

注：1. CK，全生育覆膜；T1，出苗后第 1 次灌溉前揭膜；E1，出苗后揭膜；T10，出苗后第 1 次灌溉前 10 d 揭膜。

2. a，b，K 为方程待定系数，养分积累速率达到最大值为 T_{max}，此时积累速率最大值 R_{max}，养分积累最大时的养分积累量为 W_m，直线积累的开始时间 t_1 和结束时间 t_2，t_1 和 t_2 期间养分积累量 $\Delta W_{t_2-t_1}$。

3. * 代表回归方程统计检验达显著水平（$P<0.05$），** 代表回归方程统计检验达极显著水平（$P<0.01$）。

表 5-8　2015—2016 年棉花成熟期不同器官中氮的积累与分配

年份	处理	根 积累量 /(kg·hm⁻²)	根 分配率 /%	茎秆 积累量 /(kg·hm⁻²)	茎秆 分配率 /%	叶片 积累量 /(kg·hm⁻²)	叶片 分配率 /%	花铃 积累量 /(kg·hm⁻²)	花铃 分配率 /%
2015	CK	21.07±9.33a	5.26±1.88b	42.94±16.36a	10.80±2.98b	95.88±39.44a	23.82±6.12b	232.29±54.16a	60.12±10.82a
	E1	14.61±3.69a	7.73±0.79ab	27.40±6.80a	14.47±0.83ab	60.57±8.96a	32.39±2.35ab	85.46±16.87bc	45.41±0.98ab
	T1	16.12±2.37a	9.69±0.70a	29.28±3.53a	17.65±1.20a	57.82±11.77a	34.89±6.20a	62.87±13.49c	37.77±5.76b
	T10	14.85±3.03a	6.61±1.98b	26.89±2.00a	11.88±2.36b	61.89±3.70a	27.30±4.96ab	126.68±37.47b	54.21±9.25a
2016	CK	7.38±7.38a	2.74±0.20a	34.09±6.75a	12.65±1.59a	83.16±18.13a	30.74±3.37a	144.17±144.17a	53.87±2.92a
	E1	8.09±8.09b	2.82±0.48a	31.71±6.23a	10.97±2.31a	77.64±8.39a	27.16±5.94a	177.70±177.70a	59.05±8.51a
	T1	9.15±9.15b	3.04±0.84a	31.73±6.22a	11.42±1.72a	78.41±12.59a	28.36±4.29a	161.33±161.33a	57.18±6.86a
	T10	7.69±7.69b	3.47±0.68a	26.55±4.61a	12.61±3.33a	66.82±2.78a	31.33±1.65a	113.02±113.02a	52.59±3.56a

注:1. CK,全生育期覆膜;T1,出苗后第 1 次灌溉前揭膜;E1,出苗后第 2 次灌溉前揭膜;T10,出苗后第 1 次灌溉(或苗后第 1 次灌溉前揭膜,T10,出苗后第 1 次灌溉前揭膜 10 d 揭膜。表内数值为平均值±标准差($n=3$),小写字母表示达到 0.05 的显著水平(LSD),同一列内同一年份同一处理不同处理后字母相同与否代表在各自水平上差异显著与否。

表 5-9　2015—2016 年棉花成熟期不同器官中磷的积累与分配

年份	处理	根		茎秆		叶片		花铃	
		积累量 /(kg·hm^{-2})	分配率 /%	积累量 /(kg·hm^{-2})	分配率 /%	积累量 /(kg·hm^{-2})	分配率 /%	积累量 /(kg·hm^{-2})	分配率 /%
2015	CK	15.43±6.73a	5.15±1.74b	26.67±11.54a	9.00±3.50b	36.99±15.75a	12.33±3.85b	217.13±73.23a	73.52±9.05a
	E1	9.40±2.83a	8.68±1.09ab	13.78±5.24a	12.66±2.92ab	23.37±4.62a	22.23±5.67a	60.94±17.27b	56.43±8.6ab
	T1	11.07±1.43a	11.42±1.11a	15.86±2.47a	16.36±2.25a	21.59±4.35a	22.52±5.65a	49.14±14.58b	49.69±6.35b
	T10	10.46±1.56a	7.19±2.40b	17.66±1.65a	12.06±3.56ab	24.51±0.90a	16.59±4.11ab	101.14±40.53b	64.16±9.92ab
2016	CK	1.04±0.43b	3.64±0.76a	3.50±1.37a	12.31±2.38a	5.28±0.93a	19.16±3.07a	18.05±3.58a	64.89±1.54a
	E1	0.99±0.23b	3.18±0.24a	3.24±0.95a	10.61±3.36a	5.33±0.92a	17.42±2.98a	21.47±5.57a	68.79±6.06a
	T1	1.72±0.25a	4.55±1.44a	3.45±0.92a	11.35±3.55a	5.51±1.26a	17.73±3.44a	21.92±9.83a	66.37±6.62a
	T10	1.01±0.01b	3.97±0.65a	2.25±0.09a	13.64±8.04a	4.15±0.26a	25.01±14.50a	12.99±8.98a	57.37±20.32a

注:1.CK,全生育期覆膜;T1,出苗后第 1 次灌溉前揭膜;E1,出苗后第 2 次灌溉前揭膜;T10,出苗后第 1 次灌溉前 10 d 揭膜。

2.表内数值为平均值±标准差($n=3$),小写字母表示达到 0.05 的显著水平(LSD),同一年份同一列内同一处理后字母相同与否代表各自水平上差异显著与否。

表 5-10　2015—2016 年棉花成熟期不同器官中钾的积累与分配

年份	处理	根		茎秆		叶片		花铃	
		积累量/(kg·hm⁻²)	分配率/%	积累量/(kg·hm⁻²)	分配率/%	积累量/(kg·hm⁻²)	分配率/%	积累量/(kg·hm⁻²)	分配率/%
2015	CK	13.57±4.46aA	4.92±1.17bA	33.10±10.74aA	11.89±0.84bA	65.78±34.45aA	23.95±13.17aA	163.21±55.47aA	59.24±14.88aA
	E1	10.67±2.63aA	8.61±2.10aA	27.51±7.25aA	22.17±5.59aA	37.24±11.05aA	29.99±8.66aA	48.45±3.42bB	39.23±4.32aA
	T1	9.78±2.18aA	8.84±2.55aA	22.95±1.74aA	20.58±3.69aA	38.30±1.11aA	34.65±8.06aA	43.67±25.11bB	35.93±13.46aA
	T10	10.57±3.38aA	7.56±3.36abA	22.76±8.03aA	16.34±7.78abA	35.10±9.79aA	23.77±5.23aA	78.44±29.31bB	52.32±10.86aA
2016	CK	13.09±0.56aA	4.98±1.1aA	79.10±15.26aA	29.36±2.95aA	54.43±20.78aA	19.68±4.35aA	123.64±18.38aA	45.98±1.93aA
	E1	13.04±3.62aA	5.19±0.29aA	67.02±30.86aA	26.39±9.19aA	51.81±8.82aA	20.99±2.34aA	119.16±38.20aA	47.43±10.56aA
	T1	14.54±0.69aA	4.57±0.18aA	73.18±11.71aA	25.87±5.15aA	59.17±8.18aA	20.67±1.28aA	142.08±39.14aA	48.89±5.30aA
	T10	11.92±0.64aA	5.61±0.45aA	53.14±3.80aA	28.48±5.64aA	38.28±4.65aA	20.27±2.20aA	88.93±28.32aA	45.64±4.76aA

注：1. CK，全生育期覆膜；E1，出苗后第 1 次灌溉前揭膜；T1，出苗后第 2 次灌溉前揭膜；T10，出苗后第 2 次灌溉前 10 d 揭膜。
2. 表内数值为平均值±标准差(n=3)，小写字母 a 和大写字母 A 分别表示达到 0.05 和 0.01 的显著水平(LSD)，同一列内同一年份同一处理后字母相同与否代表在各自水平上差异显著与否。

3　讨论

3.1　不同时期揭膜对土壤养分变化的影响

相关研究表明,覆膜通过改变土壤的理化性状、微生物种类等,改变了土壤中养分含量及其在土层中的空间分布,从而影响了植物的生长状况,进而影响了养分的循环(Li et al.,2007)。

宋秋华等(2002)研究表明,全程覆膜处理有机质下降 21.2%,覆膜 60 d 处理下降 17.2%,覆膜 30 d 和不覆膜处理下降相对较小(4.3% 和 6.7%)。蒋锐等(2017)研究表明,覆膜可以引起土壤有机质耗竭。有研究表明,覆膜导致土壤有机质含量下降(Li et al.,2007),李利利等(2007)发现覆膜措施会降低 0~5 cm 表层土壤的有机质含量。周丽敏(2009)研究表明,覆膜处理降低了土壤有机碳(SOC)的含量。Li 等(2004)研究表明,地膜覆盖在 2 a 内显著提高了微生物量碳(MBC)含量,但减少了土壤有机碳(SOC)含量。

本研究表明,与全生育期覆膜相比,揭膜处理在生育期末有机质均较播种后有所增加。尤其是在多雨年份(2016 年)的表层(0~30 cm)土壤,这种趋势越明显(图 5—1)。

蔡昆争等(2006)研究表明,在水稻抽穗期,由于覆膜后作物对养分的消耗加大从而使土壤总磷、速效磷、速效钾含量下降。张鹏(2012)研究表明,覆膜种植条件下各全效养分含量较播前均呈下降趋势。

Li 等(2007)研究表明,与传统水淹栽培水稻相比,无水淹加覆膜栽培方式下,土壤有机质含量降低 8.3%~24.5%,土壤全氮降低 5.2%~22.0%,速效钾含量降低 9.6%~50.4%。在 5 个试点中的 4 个试点,无水淹加覆膜栽培方式也减少了土壤速效氮 8.5%~26.5%。3 个试点的土壤总磷含量下降 13.5%~27.8%,其他 2 个试点的土壤总磷含量增加 6.6%~8.2%。然而,在所有的试点,土壤速效磷增加了 20.9%~64.7%。Tian 等(2013)研究表明,覆膜处理分别降低了小麦季后和水稻季后 0~5 cm 土层氮含量的 17% 和 24%。

本研究也表明,覆膜处理减少了 0~50 cm 土层土壤全磷含量,揭膜处理可以增加表层(0~10 cm)及深层(40~50 cm)土壤全氮含量(图 5—2),覆膜处理减少表层(0~10 cm)土壤水解性氮含量和各土层速效钾含量(图 5—3)。

刘国顺等(2006)研究表明,不同覆膜期限速效磷受到的影响相对较小;赵晓东等(2015)研究表明,地膜覆盖对耕层土壤的速效磷和速效钾的影响不明显。本研究也表明,揭膜与否对有效磷含量的影响无明显规律可循(图 5—3)。

秦舒浩等(2014)研究表明,覆膜处理土壤速效钾含量在马铃薯生育前期与后期低于露地栽培。本研究表明,生育期末揭膜处理土壤速效氮磷钾含量较 CK 处理高(图 5—7)。

3.2　不同时期揭膜对棉花养分积累与分配的影响

陈军等(2003)研究表明,覆膜可以促进烟株早期养分吸收积累。葛均筑等(2016)研究表明,覆膜和增施氮肥可以显著提高各生育时期氮积累量。王彩绒等(2004)研究表明,覆膜集雨种植可协调土壤水分和养分的关系,促进了地上部的养分携出量。路兴花等(2010)研究表明,覆膜旱作提高了植株总氮、磷和钾含量。Kumar 等(2011)研究表明,干草和黑色聚乙烯 2 种覆盖物均能有效提高根系生长量、养分吸收量和产量。邱临静(2007)研究表明,垄上覆膜不仅可以提高小麦花后氮素积累,也能促进氮素从营养器官到生殖器官的转运,其籽粒氮累积量高。冯倩(2013)研究表明,覆膜处理可显著提高养分累积,不同处理成熟期植株中氮素、磷素的分配表现为籽粒>茎叶>颖壳,钾素则为茎叶>籽粒>颖壳。李永育等(2014)研究表明,适时揭膜处理可有效提高烟株养分吸收利用率。

本研究也表明,在 2015 年,覆膜处理有利于植株对养分的积累,而在多雨的 2016 年,揭膜则有利于棉花养分的积累(表 5-7)。成熟期各器官中氮、磷、钾的积累量从高至低依次为花铃>叶片>茎秆>根系(表 5-8 至表 5-10)。

4　小结

与 CK 处理相比,揭膜处理在生育期末有机质均较播种后有所增加。尤其是在多雨年份(2016 年)的 0～30 cm 土层,这种趋势最明显。揭膜处理可以增加表层(0～10 cm)及深层(40～50 cm)土壤全氮含量,增加 0～50 cm 土层土壤全磷含量。土壤全钾含量年际间变化趋势相差较大,在降雨正常年份(2015 年,2017 年)E1 处理可以增加 20～50 cm 土层全钾含量,而在多雨年份(2016 年),早揭膜(T10)可以抑制土壤全钾的减少。揭膜处理能增加表层(0～10 cm)土壤水解性氮含量,增加各土层速效钾含量,对有效磷含量影响无明显规律可循。覆膜条件下水解性氮仅在两膜交接处的 0～10 cm 表层土壤有较为明显的聚集区,而揭膜处理除了在上述区域外,在滴灌带下方的表层土壤也有较为明显的聚集区。土壤有效磷和速效钾主要分布在 0～50 cm 土层内,但有效磷有 2 个较为明显的集聚区,速效钾聚集区域不明显。揭膜与否对生育期内 0～30 cm 耕层养分含量动态变化趋势影响不大,但是生育期末揭膜处理土壤速效氮磷钾含量较 CK 处理高。多雨年份(2016 年)揭膜处理植株氮磷钾及 2017 年氮磷最大积累量和养分积累速率最大时的积累量均较覆膜处理高,养分积累速率达到最大值和直线增长开始的时间较覆膜处理晚,但直线积累持续的时间长,2015 年氮磷钾及 2017 年钾情况则相反。2017 年钾的直线积累期也是揭膜处理最长。2015—2016 年间氮磷钾及 2017 年钾积累速率最大值均是 CK 处理最大。在降雨正常年份,揭膜处理不利于各器官中氮、磷、钾的积累,在多雨季节,揭膜处理增加了根系和花铃的氮素、磷素、钾素的积累以及叶片中的磷素和钾素的积累。多雨年份较降雨正常年份相比不利于棉花对磷的吸收。

第6章　不同时期揭膜对棉花根系形态及干物质积累的影响

中国新疆是世界上重要的棉花产区,该地区属于典型的大陆性干旱气候,农业生产主要依靠灌溉。地膜覆盖和滴灌技术从20世纪90年代初开始在该区大面积推广应用,在长期实践基础上形成了新疆独特的膜下滴灌(drip irrigation under mulch film,DI)技术(胡晓棠和李明思,2003;杨荣等,2016),该技术"少量多次"的水肥供应特点及覆膜的增温保墒作用很大程度上提高了棉花的单产水平(简桂良等,2007;Rao et al.,2016)。然而长期应用滴灌技术进行灌溉可能会改变作物根系在土壤中的分布(Bhattarai et al.,2008;Carmi et al.,1992;Carmi et al.,1993;Klepper,1991;危常州等,2002),杨荣等(2016)近期发现应用滴灌技术进行灌溉的作物根系出现了早衰,影响了地上部生长及产量的形成。且长期应用膜下滴灌存在因淋洗水量不足引发的盐碱化风险(胡宏昌等,2016)。除了上述弊端,膜下滴灌的一个最显著的弊端就是因为连年地膜覆盖带来的地膜残留污染越来越严重,新疆棉田中每年约有 18 kg·hm^{-2} 的地膜因不能进行有效的回收而残留在土壤中(梁志宏等,2012;严昌荣等,2008),覆膜 20 a 的农田土壤中平均地膜残留量可高达(300.65±49.32)kg·hm^{-2}(严昌荣等,2008)。水分和氮素在土壤中的运移和分布因大量残膜的存在而受到阻碍,作物根系的生长也因此受阻(李元桥,2016)。地膜残留导致土壤理化性质恶化,水分分布不均,土壤营养下降。其中在残膜密度为 2 000 kg·hm^{-2} 时,碱解氮、速效磷分别下降 55.0% 和 60.3%。地膜残留对棉花生产和土壤生态产生明显影响,如不及时采取措施,按照现有的地膜残留趋势,则覆膜 68 a 左右,即现在往后 38 a,残膜密度将达到 1 000 kg·hm^{-2}(董合干等,2013)。

治理残膜污染成为新疆乃至整个干旱半干旱地区农业生产中亟需解决的难题,目前解决残膜污染主要有2条途径,一是利用可降解地膜替代目前通用的 PE 地膜,二是在棉花收获后利用机械回收地膜。前者因为价格高难以推广,而后者则因为目前使用的地膜太薄(厚度大多在 0.005 mm 左右)而导致回收率不高。因此在棉花的生育前期揭除地膜可以成为治理残膜污染的一条有效途径。

自20世纪90年代开始,关于在新疆棉花的生育前期揭除地膜开始有零星的研究,之后有学者相继报道。宿俊吉等(2011)研究表明,陆地棉适时揭膜根层 5 cm、10 cm、15 cm 处根际温度较全生育期覆膜平均低 0.48℃,产量和部分品质性状优于全生育期覆膜处理,揭膜促进棉花后期发育,延缓地膜棉花早衰。每公顷棉田可回收残膜 57.78 kg,回收率达到 85.56%。肖光顺(2009)研究表明,揭膜对株高、蕾数、根系干重影响较显著,对产量形成因子成铃数、铃重和衣分影响不明显,对产量的影响不大。李生秀等(2010)研究表明,头水后揭膜有利于棉花根系下扎,不会对产量造成影响。谢海霞(2012)研究了无膜覆盖滴灌带配置模式,无膜棉花灌水量为 4 200 m³·hm^{-2},滴灌带埋深 5 cm 时,产量最高为 6 606 kg·hm^{-2},具有较好的社会效益和生态效应。针对棉田揭膜问题,前人做了不少研究,但主要集中在对棉花生长及产量性状等方面,揭膜条件下棉花根系如何构建以及根系的生长发育动态如何,涉及的研究很少,由于棉花前期的根系构建对后期的营养生长、生殖生长及最终产量的高低具有重要的影响,因此研究明确不同时期揭膜条件下根系的空间构型及生长发育动态对促进该区棉花生产具有一定的理论指导意义和实际应用价值。

本文通过重点研究棉花生育前期不同时间揭除地膜条件下棉花初花期和花铃期根系的空间构型以及整个生育期根系的干物质积累规律,旨在揭示棉花不同时期揭膜对根系构型和干物质积累影响的潜在机理,为干旱半干旱地区棉花高产栽培及残膜污染治理提供科学依据和理论指导。

1　材料与方法

1.1　样品采集与测定

采用 Monolith 法(Kim et al.,2007)于初花期(IFS)和花铃期(BBFS)采集棉花根系。2015—2016 年均从新陆早 42 号靠近膜边的窄行中心位置开始,设置(60 cm×60 cm×50 cm)的取样空间(图 6-1)。即以靠近膜边的窄行滴灌带正下方为原点,将垂直滴灌带方向左右各 30 cm,平行于滴灌带方向左右各 30 cm,深 50 cm 的土体,切割成(10 cm×10 cm×10 cm)的 180 个正方体土体,并将每块土体装入已经编号的塑料袋中,带回实验室利用根系分析系统(WinRHIZO PRO LA2400,Regent Instruments,Canada)进行分析。先用清水将根系冲洗干净,捡去死根、侵入体及非棉根物质,将冲洗干净的棉花根系放入装有少量水的有机玻璃盘上,用镊子小心地将每条根展开,使根与根之间不重叠,利用根系扫描仪(Expression 11000XL,Epson,Japan)进行扫描,扫描时分辨率设为 300 dpi,图像文件保存为 TIF 格式。之后用根系图像分析软件(WinRHIZO PRO 2013,Regent Instruments,Canada)对获得的根系图像进行分析,获得根系长度、表面积、体积、平均直径等参数。之后将根系 90℃杀青 30 min,70℃烘干并称重。

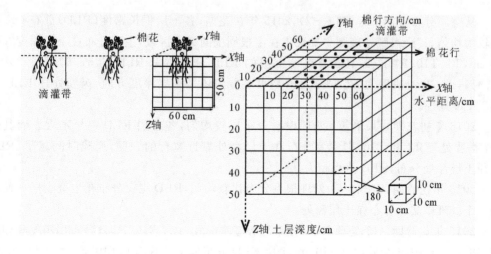

图 6-1　根系采集方法

　　由于工作量的关系,每个处理取 1 个小区,不设重复。但由于棉花株距只有 10 cm,每个处理的取样空间内理论上有 12 株棉花,因此可以将垂直滴管带方向 60 cm,土层深度方向 50 cm,平行于滴管带方向 10 cm 的土体看作是 1 个切片,则可将每个处理的取样空间看作是沿棉行方向的 6 个切片,每个切片内有 2 株棉花,将此 6 个切片看作是 6 次重复。

　　分别于出苗后 33 d(2017 年)、21 d(2016 年)和 35 d(2015 年)开始,每隔 14 d 取 1 次植株样,每小区取 9 株植株,每次取样时将耕层内(0~30 cm)的棉花根系一并取回。参考杨相昆等(2015)的方法,在本次取样时选择长势一致的植株作为下次取样的样株并做好标记。植株样品取回后在烘箱中 105℃ 杀青 30 min,之后 80℃ 烘干 8~10 h 至恒重并称重,由此计算根系干物质积累量和根冠比,每处理 3 次重复。

　　参考李杰等(2011)的方法,2017 年分别于开花后 5 d、15 d、25 d、35 d、45 d 测定新陆早 42 号的根系活力,每小区选取代表性植株 6 株(每行选取 2 株),于 20:00 在各株子叶节处剪去地上部植株,将预先称重的脱脂棉放在留在田里植株的剪口处,包上塑料薄膜,于第 2 天 10:00 取回带有伤流液的脱脂棉球并称重,计算伤流强度。每次均在滴水前测定。

1.2　数据处理

　　运用 Microsoft Excel 2010 软件对数据进行处理,做图采用 SigmaPlot 12.5 软件,利用 DPS16.05 软件(Tang and Zhang,2013)进行方差分析,其中多重比较采用 LSD 法。根系干物质积累方程的模拟采用 DPS16.05 软件(Tang and Zhang,2013)和麦夸特(Marquardt)法。

2　结果与分析

2.1　揭膜对棉花根长密度的影响

　　从空间分布规律来看(图 6—2),2015 年初花期,各土层根长密度(RLD)分布 CK 处理较为均匀,其余揭膜处理则主要聚集在主根周围的 2 个区域,主要分布在土层深度 20~40 cm,T1、T10、E1 这 3 个处理在该土层的 RLD 分别占总 RLD 的 51.6%、45.2% 和 51.4%,而 CK 处理则为 42.6%,无论是水平方向还是土层深度方向,揭膜处理 RLD 均高于 CK 处理。

　　2016 年初花期,CK 和 E1 处理根系分布比较均匀,各土层 RLD 差异不大。而其余 2 个揭膜处理 T1 和 T10,则主要分布在土层深处靠近宽行的一侧,揭膜时间越早,RLD 越往土层深处分布,RLD 值也越大。

　　2015 年花铃期,CK 和 T1 处理根系分布比较均匀,RLD 主要分布在土壤表层。而其余 2 个处理则集中分布在土层深处。

　　2016 年花铃期,4 个处理 RLD 分布趋势基本一致,在土层中 RLD 分布揭膜处理相对较 CK 处理集中,4 个处理 0~10 cm 土层 RLD 分布最多,CK、T1、T10、E1 处理 0~10 cm 土层 RLD 分别占总 RLD 的 30.1%、28.7%、28.5% 和 22.4%。

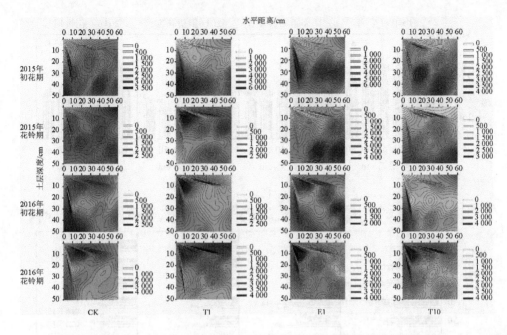

注:CK,全生育期覆膜;T1,出苗后第 1 次灌溉前揭膜;E1,出苗后第 2 次灌溉前揭膜;T10,出苗后第 1 次灌溉前 10 d 揭膜。

图 6—2　不同揭膜处理棉花(新陆早 42 号)初花期和花铃期根长密度(m·m⁻³)三维分布图

从水平分布来看(图 6—3),2015 年初花期揭膜处理 RLD 均高于 CK 处理,在各水平方向上的差异大多能达到显著水平;2016 年初花期只有 T10 处理 RLD 在不同水平方向均高于 CK 处理,且在水平方向 40~60 cm 处(在两膜交接方向)达到了显著水平。而到了花铃期,2015 年 T1 和 T10 处理 RLD 显著低于 E1 和 CK 处理,其余 2 个揭膜处理均比 CK 处理少。而 2016 年则同样只有 T10 处理 RLD 在不同水平方向低于 E1 和 CK 处理。

2 a 间不同生育期不同处理 RLD 的垂直分布规律与水平分布规律基本类似(图 6—3),但是 2015 年 RLD 主要分布在 30 cm 土层以下,而 2016 年则主要分布在 30 cm 土层以上,从年际间差异来看,2015 年花铃期无论是水平方向还是垂直方向 RLD 均低于初花期,而 2016 年则是生育后期 RLD 高于生育前期。

从 0~50 cm 土层的平均值来看,除了 2016 年初花期 T10 处理 RLD 最高(1 699 m·m⁻³)外,2 a 间均是 E1 处理最高,分别为 3 537 m·m⁻³(2015 年初花期)、2 472 m·m⁻³(2015 年花铃期)、2 234 m·m⁻³(2016 年花铃期)。出现这种差异可能与 2016 年雨水较多,气温偏低有关。2016 年棉花生长季(5~10 月)降雨 179.5 mm,较 2015 年多 71.8%,而平均气温则偏低 1.7℃(气象数据来源于石河子气象局)。2015 年干旱促进根系下扎,但到生育后期,干旱造成大量根系死亡。而 2016 年雨水偏多,则造成根系主要集中在土壤表层,而湿润的土壤环境也延缓了根系的死亡。

2.2　揭膜对棉花根表面积密度的影响

由图 6—4 和图 6—5 可以看出,同一年份 4 个处理间根表面积密度(RSD)的分布趋

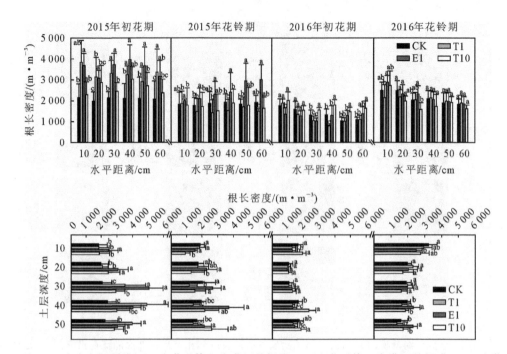

注:CK,全生育期覆膜;T1,出苗后第 1 次灌溉前揭膜;E1,出苗后第 2 次灌溉前揭膜;T10,出苗后第 1 次灌溉前 10 d 揭膜;误差棒代表标准差($n=6$),不同小写字母代表在 0.05 水平 X 轴或 Y 轴同一位点不同处理间差异显著(LSD 法)。

图 6-3　不同揭膜处理棉花(新陆早 42 号)初花期和花铃期根长密度(m·m⁻³)水平与垂直分布

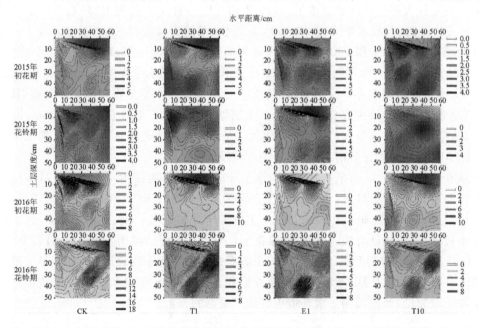

注:CK,全生育期覆膜;T1,出苗后第 1 次灌溉前揭膜;E1,出苗后第 2 次灌溉前揭膜;T10,出苗后第 1 次灌溉前 10 d 揭膜。

图 6-4　不同揭膜处理棉花(新陆早 42 号)初花期和花铃期根表面积密度(m²·m⁻³)三维分布图

势基本一致,相比于 2015 年,2016 年不同处理的 RSD 分布更为集中,主要分布在表层土壤(0~10 cm)主根的位置。

无论是水平分布还是垂直分布(图 6-5),2015 年初花期,揭膜处理 T10、T1 和 E1 均高于 CK 处理,二者之间的差距大多达到了显著水平,有的达到了极显著的水平。到了花铃期,除了 T10 处理在 50 cm 土层 RSD 最大外,在不同水平及垂直距离上均是 E1 处理高于其余 3 个处理,在棉花的宽行方向(水平距离 0~40 cm)差异不显著,而在两膜交接方向(水平距离 40~60 cm)差异显著。2016 年 RSD 在水平方向和垂直方向上的分布与 2015 年的趋势基本类似,但各处理间的差异规律不如 2015 年明显。

从 0~50 cm 土层的平均值来看,2015 年 2 个生育期均是 E1 处理 RSD 最高,为 3.481 9 m² · m⁻³(初花期)和 3.130 7 m² · m⁻³(花铃期),2016 年初花期 RSD 最高为 T10 处理(2.687 7 m² · m⁻³),花铃期则是 CK 处理 RSD 最高(3.677 0 m² · m⁻³)。

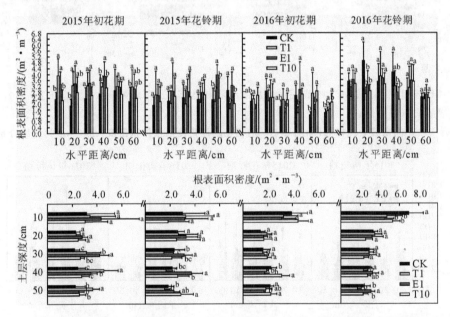

注:CK,全生育期覆膜;T1,出苗后第 1 次灌溉前揭膜;E1,出苗后第 2 次灌溉前揭膜;T10,出苗后第 1 次灌溉前 10 d 揭膜;误差棒代表标准差(n=6),不同小写字母分别代表在 0.05 水平 X 轴或 Y 轴同一位点不同处理间差异显著(LSD 法)。

图 6-5　不同揭膜处理棉花(新陆早 42 号)初花期和花铃期根表面积密度(m² · m⁻³)水平与垂直分布

2.3　揭膜对棉花根体积密度的影响

从三维分布趋势上看(图 6-6),不同年份间不同处理根体积密度(RVD)主要集中分布在主根位置附近的 2 个区域,2015 年 E1 和 T10 处理 RVD 分布更靠近深层土壤,其余则均集中分布在表层土壤内。

各处理 RVD 在水平方向上的分布较为均匀(图 6-7),2015 年 T10 处理在初花期和花铃期均集中分布在 20~40 cm 土层内,该土层内 RVD 占全部的 55.4% 和 67.3%。而 E1 处理则是在初花期集中分布在 20~40 cm 土层内,该土层内 RVD 占全部的 54.3%;

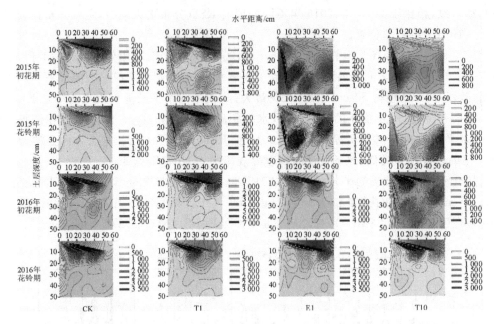

注:CK,全生育期覆膜;T1,出苗后第 1 次灌溉前揭膜;E1,出苗后第 2 次灌溉前揭膜;T10,出苗后第 1 次灌溉前 10 d 揭膜。

图 6—6　不同揭膜处理棉花(新陆早 42 号)初花期和花铃期根体积密度(cm³·m⁻³)三维分布图

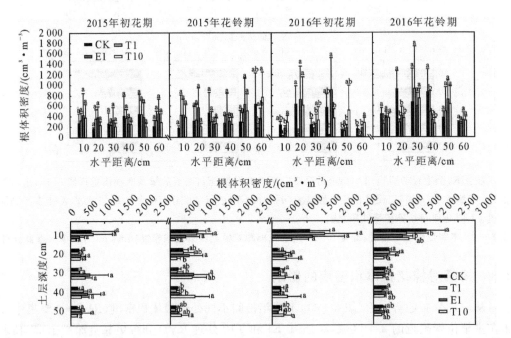

注:CK,全生育期覆膜;T1,出苗后第 1 次灌溉前揭膜;E1,出苗后第 2 次灌溉前揭膜;T10,出苗后第 1 次灌溉前 10 d 揭膜;误差棒代表标准差(n=6),不同小写字母分别代表在 0.05 水平 X 轴或 Y 轴同一位点不同处理间差异显著(LSD 法)。

图 6—7　不同揭膜处理(新陆早 42 号)初花期和花铃期根体积密度(cm³·m⁻³)水平与垂直分布

在花铃期集中分布在 10～30 cm 土层内,该土层内 RVD 占全部的 57.1%。

2016 年 2 个生育时期各处理 RVD 均是集中分布在 0～10 cm 土层内。初花期,CK、T1、E1、T10 4 个处理在 0～10 cm 土层内的 RVD 分别占全部的 55.9%、59.5%、57.3% 和 26.9%。到花铃期,这一比例分别为 52.3%、43.8%、36.8% 和 47.5%。由此可见,早期揭膜可以促进根系下扎,使得根系在各土层中均匀分布。

从 0～50 cm 土层的平均值来看,2015 年 2 个生育期均是 E1 处理 RVD 最高,分别为 382 cm³·m⁻³(初花期)和 421 cm³·m⁻³(花铃期);2016 年初花期 RVD 最高为 T1 处理(503 cm³·m⁻³),花铃期则是 CK 处理 RVD 最高(598 cm³·m⁻³)。

2.4　揭膜对棉花根干重密度的影响

2 a 间不同生育时期 4 个处理的根干重密度(RDWD)的三维分布趋势基本一致,基本集中分布在 0～10 cm 土层主根范围内(图 6-8)。

从水平分布来看(图 6-9),2015 年初花期,4 个处理 RDWD 主要集中分布在水平方向 30～40 cm(即棉花种植行的位置)处,CK、T1、E1、T10 这 4 个处理该位置土层内 RD-WD 分别占全部 RDWD 的 38.1%、46.2%、68.9% 和 69.9%,两膜交接处(水平方向 50～60 cm 处)略高于宽行处(水平方向 10～20 cm 处)。到花铃期,E1 处理 RDWD 主要分布在水平方向 10～30 cm 处(宽行处),占总 RDWD 的 78.1%;T1 和 T10 这 2 个处理 RD-WD 则主要分布在水平方向 40～60 cm 处(两膜交接处),分别占总 RDWD 的 87.4% 和 86.0%。而 CK 处理 RDWD 则主要分布在水平方向 30～50 cm 处。2016 年各处理 RD-WD 在水平方向上的分布则比较均匀,在同一位置各处理间的差异也不显著。

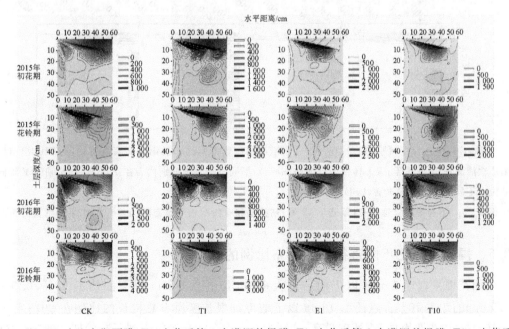

注:CK,全生育期覆膜;T1,出苗后第 1 次灌溉前揭膜;E1,出苗后第 2 次灌溉前揭膜;T10,出苗后第 1 次灌溉前 10 d 揭膜。

图 6-8　不同揭膜处理棉花(新陆早 42 号)初花期和花铃期根干重密度(g·m⁻³)三维分布图

从垂直分布来看(图 6—9),除了 2015 年的花铃期 T10 处理在 10~20 cm 土层 RD-WD 最大(该土层 RDWD 占总 RDWD 的 42.4%)外,其余处理在 2 a 间的不同时期均是在 0~10 cm 土层 RDWD 分布最多,这也进一步验证了在干旱条件下,早期揭膜能促进根系的进一步下扎和在土层中的均匀分布。CK、T1、E1、T10 这 4 个处理在 0~10 cm 土层 RDWD 占总 RDWD 的比例,2015 年初花期分别为 57.7%、55.4%、62.9%和 60.2%;2015 年花铃期分别为 60.0%、68.8%、60.6%和 36.6%;2016 年初花期分别为 76.6%、72.5%、72.2%和 70.8%;2016 年花铃期分别为 82.9%、70.6%、61.9%和 76.4%。

在 0~10 cm 土层内,2015 年是揭膜处理 RDWD 高于对照处理,而 2016 年则相反,但差异均不显著。但在其余土层,揭膜处理均与对照处理 RDWD 达到显著甚至极显著的差异水平。

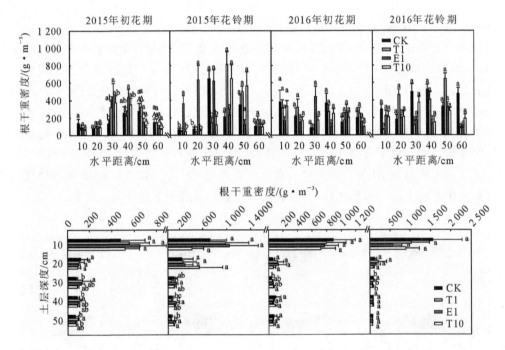

注:CK,全生育期覆膜;T1,出苗后第 1 次灌溉前揭膜;E1,出苗后第 2 次灌溉前揭膜;T10,出苗后第 1 次灌溉前 10 d 揭膜;误差棒代表标准差(n=6),不同小写字母分别代表在 0.05 水平 X 轴或 Y 轴同一位点不同处理间差异显著(LSD 法)。

图 6—9　不同揭膜处理棉花(新陆早 42 号)初花期和花铃期根干重密度(g·m⁻³)水平与垂直分布

2.5　揭膜对棉花不同直径根系分布比例的影响

棉花根系直径 1 mm 以下的占绝大多数,其中 0.5 mm 以下的约占 90%,0.5~1.0 mm 的约占 10%。直径 1.0 mm 以下的毛细根长度所占总根长的比例在 2015 年和 2016 年的初花期均是 E1 处理最高,分别为 97.6%和 94.7%;而到了花铃期,2015 年 CK 处理略高于揭膜处理,CK、T1、E1、T10 这 4 个处理 1.0 mm 以下的毛细根所占总根长的比例分别为 95.6%、94.9%、95.0%和 94.3%;2016 年则是 CK 处理低于揭膜处理,上述

4 个处理 1.0 mm 以下毛细根所占比例分别为 94.7%、95.2%、96.3% 和 95.2%。而对于直径在 1 mm 以上的主根系,在 2015 年初花期 CK 所占比例最高,花铃期 CK 所占比例最低,而 2016 年则恰恰相反(图 6-10)。

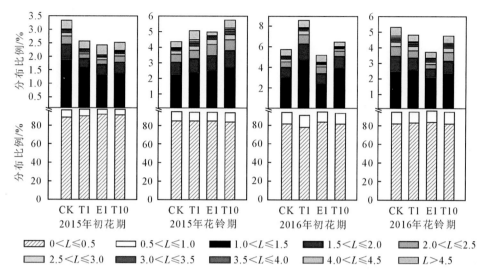

注:CK,全生育期覆膜;T1,出苗后第 1 次灌溉前揭膜;E1,出苗后第 2 次灌溉前揭膜;T10,出苗后第 1 次灌溉前 10 d 揭膜;0<L≤0.5 表示直径在 0~0.5 mm 的根系总长度,下同。

图 6-10 不同揭膜处理棉花(新陆早 42 号)不同直径根系分布比例

2.6 揭膜对棉花根冠比的影响

总体来看(图 6-11),棉花根冠比(R/T)基本呈现先上升后下降趋势,且下降趋势持续时间较长。这表明在初花期以前,棉株主要以营养生长为主,此阶段棉花的根系生长超过地上部分干物质的积累。而在初花期以后,生殖生长和营养生长并重,地上部干物质迅速积累,此时根冠比呈逐渐下降趋势。总的来看,揭膜处理的根冠比高于 CK 处理,且在 2015 年尤为明显。

2.7 揭膜对棉花根系干物质积累的影响

不同处理棉花根系干物质积累基本呈现 S 形增长趋势(图 6-12),其积累规律可用 Logistic 方程 $Y=K/[1+\exp(a+bt)]$ 来拟合,a、b、K 待定系数见表 6-1,令 logisitic 方程的二阶导数为 0,可得根系干物质积累速率达到最大值的时间 $T_{max}=a/-b$;此时积累速率最大值为 $R_{max}=K\times(-b)/4$,干物质重 $W_m=K/2$;令 logisitic 方程的三阶导数为 0,可以得出曲线上的 2 个拐点 t_1 和 t_2,即直线积累的开始时间 t_1 和结束时间 t_2,$t_1=(C2/|C3|)+(1/|C3|)\times LN[2-SQRT(3)]$;$t_2=(C2/|C3|)+(1/|C3|)\times LN[2+SQRT(3)]$,$t_1$ 和 t_2 期间干物质积累量 $\Delta W_{t_2-t_1}=W_m\times SQRT(3)/3$(明道绪,2006)。

通过表 6-1 可以看出,根系最大干物质积累量(方程中 K 值)2015 年 CK 处理最高,几乎为 T10 处理的 2 倍,而在 2016 年,除了新陆早 42 号 T10 处理略低于对照处理外,其余均是揭膜处理高于 CK 处理。2017 年新陆早 42 号 K 值最高的为 E1 处理,而新陆早

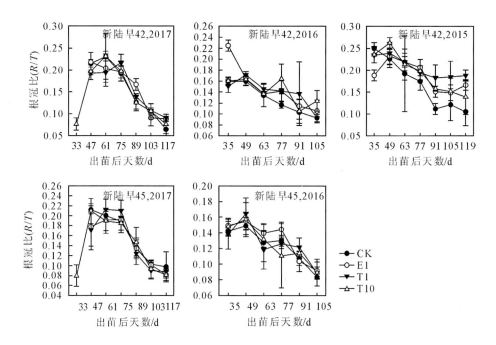

注:CK,全生育期覆膜;T1,出苗后第 1 次灌溉前揭膜;E1,出苗后第 2 次灌溉前揭膜;T10,出苗后第 1 次灌溉前 10 d 揭膜;XLZ42,新陆早 42 号;XLZ45,新陆早 45 号。误差棒代表标准差($n=3$)。

图 6-11　不同揭膜处理棉花根冠比变化动态

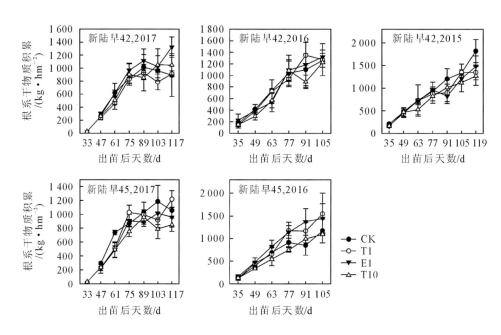

注:CK,全生育期覆膜;T1,出苗后第 1 次灌溉前揭膜;E1,出苗后第 2 次灌溉前揭膜;T10,出苗后第 1 次灌溉前 10 d 揭膜;误差棒代表标准差($n=3$)。

图 6-12　不同揭膜处理棉花根系干物质积累

表6-1　不同揭膜处理棉花根系干物质积累 Logistic 方程参数

		K	a	b	相关系数	T_{max}/d	R_{max}/(kg·hm⁻²·d⁻¹)	W_m/(kg·hm⁻²)	t_1/d	t_2/d	Δt/d	$\Delta W_{t_2-t_1}$/(kg·hm⁻²)
2015年新陆早42号	CK	2 647.384	3.236 9	−0.033 4	0.983 5**	97	22.11	1 323.69	57	136	79	763.77
	T1	1 551.345	3.199 7	−0.044 4	0.946 0**	72	17.22	775.67	42	102	59	447.56
	E1	1 959.973	2.899 2	−0.033 3	0.921 2**	87	16.32	979.99	48	127	79	565.45
	T10	1 388.534	3.406 8	−0.048 5	0.988 4**	70	16.84	694.27	43	97	54	400.59
2016年新陆早42号	CK	1 250.213	4.634 4	−0.081 3	0.988 0**	57	25.41	625.11	41	73	32	360.69
	T1	1 386.145	4.815 1	−0.078 1	0.985 1**	62	27.06	693.07	45	79	34	399.90
	E1	1 405.064	4.382 3	−0.069 5	0.948 1*	63	24.41	702.53	44	82	38	405.36
	T10	1 138.951	5.659 2	−0.095 9	0.898 5*	59	27.31	569.48	45	73	27	328.59
2016年新陆早45号	CK	1 071.576	4.546 1	−0.081 7	0.937 2*	56	21.89	535.79	40	72	32	309.15
	T1	1 539.166	4.478 9	−0.070 5	0.943 6*	64	27.13	769.58	45	82	37	444.05
	E1	1 483.315	4.737 6	−0.080 2	0.996 6**	59	29.74	741.66	43	75	33	427.94
	T10	1 180.708	4.153 9	−0.064 2	0.997 2**	65	18.95	590.35	44	85	41	340.63
2017年新陆早42号	CK	954.31	6.533 6	−0.033 4	0.971 2**	55	28.34	477.15	44	66	22	275.32
	T1	893.725	6.803 9	−0.118 0	0.949 2*	58	26.37	446.86	46	69	23	257.84
	E1	1 210.129	4.974 4	−0.083 2	0.943 2*	60	25.16	605.06	44	76	32	349.12
	T10	1 024.363	5.867 3	−0.098 8	0.977 8*	59	25.31	512.18	46	73	27	295.53
2017年新陆早45号	CK	1 102.467	5.157 1	−0.092 4	0.950 7*	56	25.47	551.23	42	70	28	318.06
	T1	1 073.245	7.459 0	−0.125 9	0.915 1*	59	33.77	536.62	49	70	21	309.63
	E1	979.220	6.847 2	−0.116 4	0.977 8*	59	28.50	489.61	48	70	22	282.50
	T10	865.153	6.660 3	−0.117 0	0.970 2*	57	25.30	432.58	46	68	22	249.60

注：a、b、K 为方程待定系数，干物质积累速率达到最大值的时间为 T_{max}，此时积累速率最大值为 R_{max}，干物质积累速率最大时的养分积累量为 W_m，直线积累的开始时间 t_1 和结束时间 t_2，线性增长持续的时间 $\Delta t = t_2 - t_1$ 和 t_2 期间干物质积累量 $\Delta W_{t_2-t_1}$。R^2 为相关指数。* 代表回归方程统计检验达显著水平（$P<0.05$）。** 代表回归方程统计检验达极显著水平（$P<0.01$）。CK，全生育期覆膜；T1，出苗后第 1 次灌溉前揭膜；E1，出苗后第 2 次灌溉前揭膜；T10，出苗后第 1 次灌溉前 10 d 揭膜。

45 号则是 CK 处理 K 值最高。

从年际间变化来看,新陆早 42 号同一处理根系最大干物质积累 2016 年和 2017 年均低于 2015 年,尤其是 CK 处理,少了一半多。新陆早 45 号揭膜处理 2017 年根系最大干物质积累低于 2016 年,CK 处理则相反。由此可见,干旱及灌水量较少的 2015 年(2015—2017 年降雨分别为 94 mm、120.2 mm 和 96.5 mm,2015—2017 灌溉量分别为 382.5 mm、322.5 mm 和 423 mm)根系干物质的积累较多,但在此条件下揭膜处理对干物质积累不利。在降雨较多年份(2016 年),揭膜处理可以促进干物质积累;气候正常年份(2017 年),揭膜处理对根系干物质积累的影响因品种而异。

从处理间的差异来看,2015 年 CK 处理根系干物质积累速率达到最大值的时间(T_{max})以及线性增长开始的时间(t_1)较揭膜处理出现的晚,但线性增长持续的时间(Δt)长,有 79 d 的时间根系干物质积累处于线性增长期,除了 E1 处理,T1 和 T10 处理 Δt 较 CK 处理少了将近 20 d。线性增长期间根系积累的干物质 CK 处理较揭膜处理多。而到 2016 年和 2017 年,上述情形恰恰与 2015 年相反,CK 处理 T_{max} 和 t_1 出现的时间较揭膜处理早,但 Δt 短(2017 年新陆早 45 号 CK 处理 Δt 长)。

从年际间差异来看,2016 年和 2017 年 2 个品种各处理 T_{max} 出现的时间均较 2015 年有较大幅度的提前,其中 CK 处理 T_{max} 提前了近 40 d;t_1 出现的时间提前了 15 d 左右。2016 年和 2017 年揭膜处理较 2015 年 t_1 出现的时间早 10 d 左右。

积累速率最大值 R_{max},新陆早 45 号在 2 a 间均是揭膜处理最高,新陆早 42 号在 2015 年和 2017 年为 CK 处理最高,在 2016 年为 T10 处理最高。

2.8 揭膜对棉花根系活力的影响

由图 6—13 可以看出,在开花初期,揭膜处理根系伤流强度较高,在生育末期,揭膜处理均比 CK 处理伤流强度低。在其余时期,伤流强度最高的为不同的揭膜处理。由此可

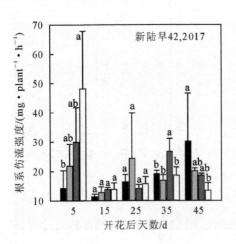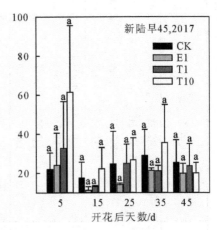

注:CK,全生育期覆膜;T1,出苗后第 1 次灌溉前揭膜;E1,出苗后第 2 次灌溉前揭膜;T10,出苗后第 1 次灌溉前 10 d 揭膜。误差棒代表标准差($n=3$),不同小写字母分别代表在 0.05 水平同一取样时间不同处理间差异显著(LSD 法)。

图 6—13 不同揭膜处理棉花根系伤流强度

见,揭膜处理在开花初期可以明显地提高根系活力,且揭膜时间越早越明显,而在成熟期,则降低了根系活力。

3　讨论

3.1　不同时期揭膜条件下棉花根系形态差异分析

作物根系直接和土壤接触,土壤环境的变化影响根系本身的生长、发育和生理变化。根系生长和构建一直以来被认为是植物特殊的可塑的性状(Robinson,1994;Hodge,2004;Saengwilai et al.,2014),作物能改变根系的形态以适应土壤不同程度的胁迫,其形态和空间构型直接影响其对土壤中水分和养分的吸收和利用(Palta et al.,2011;Van-doorne et al.,2012;Bodner et al.,2015),从而影响地上部分功能的实现(Suralta et al.,2010)。使用肥料、作物轮作、覆盖物、间作,尤其是通过灌溉和排水,均能影响根系的功能(Palta and Yang,2014;Kahlon et al.,2014)。根系的上述可塑性可以使作物在未来水资源短缺和气候变化的条件下仍能增产(Mishra and Salokhe,2011);李彩霞等(2011)研究认为,玉米根系体积密度、活根表面积等根系形态与土壤含水率、土壤温度和水分利用效率间均存在显著或极显著的正相关关系。薛丽华等(2014)研究认为,随着0~40 cm土层的含水量增加,可以延缓该土层的初生根干重和根长的衰减、促进次生根干重和根长增长,增加孕穗期至花后20 d初、次生根干重密度、根长密度及根系活性,当湿润土层浅时,小麦深层初、次生根生长易受严重抑制,且根系分布浅,初生根提前衰老。Zhao(2010)通过不同土壤水分对棉花根长密度的影响研究表明,随着土层深度增加,根长密度减少。棉花平均根长密度随灌溉用水的增加而增加。水分胁迫导致表层土壤根长密度增加。

由于揭膜后土壤水分相对处于亏缺状态(张占琴等,2016),本研究结果也表明,在初花期,2015年揭膜处理根长密度(图6-3)和根表面积密度(图6-5)均显著高于CK处理;2016年由于降水较多,弥补了揭膜后的水分损失,只有早揭膜(T10)处理处于轻度干旱胁迫,造成只有T10处理根长密度高于CK处理(图6-3)。从根的粗细来看(图6-8),由于E1处理揭膜时间较晚,既保证了前期棉花生长对土壤温度和水分的需求,又在后期创造了适度干旱的通透环境,使得直径1.0 mm以下的毛细根所占总根长的比例在2 a间初花期均是E1处理最高,分别为97.6%和94.7%;而对整个生育期而言,覆膜处理在2015年气候干旱的条件下发挥了地膜保墒的作用,而揭膜处理则处于过度干旱胁迫状态,使得2015年花铃期CK处理直径1.0 mm以下的毛细根所占总根长的比例略高于揭膜处理,同样的原因,CK处理的根长密度(图6-3)高于T1和T10处理。2016年由于天气状况与2015年相反,各处理间的变化规律也与2015年相反。

张向前等(2015)研究表明,前期土壤适度的干旱可刺激小麦根系的生长,使其体积和下扎深度增加;Buttar(2009)研究表明,棉花第1次灌溉时间较正常时间推迟14 d,可以显著增加根系的生物量和深层(180 cm)土壤中的根系分布。土壤中水的移动受到限制可以促进根系在土壤中的分布(Kerbiriou et al.,2013)。

本研究也发现,2015年各处理根长密度主要分布在30 cm土层以下,花铃期低于初花期;而2016年则主要分布在30 cm以上(图6-3)。适度水分胁迫可以增加地上部向根部的同化物运输,加快根系生长,根冠比增大,总根长、根系表面积增加(丁红等,2013)。本研究结果表明,初花期以后,揭膜处理的根冠比高于 CK 处理(图 6-11),这可能是由于在棉花初花期以后,此时开始灌溉,地膜的保温保墒作用基本结束,此时揭除地膜,能造成适度的干旱胁迫,创造更加通透的土壤环境,促进根系的生长。而当土壤过度干旱致使胁迫加重时,这种补偿效应会明显降低(罗宏海等,2013;Kage et al.,2004)。过度干旱会降低鹰嘴豆的根干重、根体积(Anbessa and Bejiga,2002)。中度干旱会减少细根的根长密度(Steinemann et al.,2015);整个生育期内水分含量低时根系生长指标(根长密度、根表面积密度、根系平均直径)偏小,说明水分胁迫下不利于棉株的生长(王春霞,2007);过度干旱胁迫会降低根系的活性(Zhang et al.,2016),在本研究中,T1 和 T10 处理由于揭膜时间过早造成的土壤水分过度胁迫,使得 2015—2016 年花铃期 T1 和 T10 处理的 RLD 显著低于 CK 处理。而 E1 处理由于揭膜时间晚,创造了适度的干旱胁迫条件,2 a 间 E1 处理的 RLD 均最高(图 6-3)。

3.2　不同时期揭膜条件下棉花干物质积累差异分析

Adikut(1996)研究表明,在任何土层根系干物质以及根长密度的积累均可以用 Logistic 方程来模拟,且最大积累量不超过方程中的最大估计值;李少昆等(1999)研究表明,北疆高产棉花根系生物量的积累呈 S 形曲线,其中线性增长期从 6 月下旬(盛蕾期)至 7 月下旬(盛花期)。本研究发现不同处理棉花根系干物质积累均呈 S 形曲线(图 6-12),其规律可用 Logistic 方程来拟合。线性增长期从苗后 40~50 d 开始,此时基本处于盛蕾至初花期(表 6-1)。

在干旱时,作物茎、叶生长受到抑制,光合产物优先分配给根系,促进了作物根系的生长(朱维琴等,2002)。孟兆江等(2016)研究指出,棉花各生育阶段的中度水分调亏(50%~60%FC)在调亏期间对根系生长有明显促进效应或维持较高的根质量。Rhizopoulou 和 Davies(1993)研究发现,干旱条件下深层土壤的根系更多。Skinner(1998)研究发现,在播前降雨充足的条件下,非灌溉处理的根系生物量是灌溉处理的 126%,尤其在湿润的表层土壤中根生物量增加最多,本研究发现在 10 cm 以下土层,揭膜处理根干重密度基本上显著地高于对照,甚至达到极显著的差异水平。同样原因,在 2016 年,降雨较 2015 年偏多,降雨补充了揭膜后的土壤水分损失,除了新陆早 42 号 T10 处理由于揭膜时间太早,干旱胁迫严重,根系最大干物质积累量略低于对照处理外,其余揭膜处理均处于轻度干旱胁迫,根系最大干物质积累量高于 CK 处理。2017 年,新陆早 42 号由于抗旱性较强,揭膜处理(E1 和 T10)根系最大干物质积累量也高于 CK 处理(表 6-1)。

而当干旱胁迫过度时,同样对根系生长不利。当土壤湿度大时,土壤通透性差,根系生长亦受到抑制。李少昆等(1999b)指出,生育期间干旱胁迫后,根量减轻,地上部衰老加快,根系生产力下降,籽棉产量降低。干旱处理下大豆总根长和根系干物质积累均下降(Grzesiak et al.,1997),本研究中,2015 年由于降雨少,土壤干旱,覆膜处理在保证土壤含水量方面发挥了作用,而揭膜处理则处于过度干旱胁迫状态,使得 CK 处理的根系最大干物质积累量显著高于揭膜处理。同样,在降雨正常的 2017 年,由于新陆早 45 号抗旱性较差,揭膜处理根系最大干物质积累量均低于 CK 处理(表 6-1)。

　　Monteith(1994)研究表明,在土壤性质一致的条件下,不同年份内降雨的季节性变化对根系生长量影响显著;Hu(2009)研究表明,土壤水分在膜下滴灌条件下持续维持较高水平,对棉花根系生长及产量会产生不利影响。Luo(2014)指出,土壤水分过多时,虽然会增加根长密度,但会降低根系及地上部的生物量,从而导致产量降低。本研究也发现,2016—2017 年相同处理根系最大干物质积累量均比 2015 年低,尤其是 CK 处理,少了一半多。2016—2017 年直线增长期开始的时间虽然较 2015 年相差不大,但各处理根系干物质线性增长持续的时间较 2015 年少了将近 1 半,整个线性增长期内积累的干物质也比2015 年少(表 6-1)。

4　小结

　　适度干旱可以促进根系的生长,土壤过度湿润或过度干旱均对根系生长不利。根据每年不同的气候,在第 1 次或第 2 次灌水前揭膜能促进根系在土层中集中分布(主要聚集在主根周围的两个区域),促进生育前期毛细根的生长,增加初花期以后的 R/T;在第 2次灌水前揭膜能促进根系的伸长,获得较大的 RLD;在干旱的年份,在第 2 次灌水前揭膜能使根系具有较大的表面积和体积,以利于根系对水分的吸收。揭膜在干旱条件下可以促进根系下扎,促进深层土壤的根系干物质积累,但揭膜造成土壤过度干旱胁迫,不利于根系干物质积累,且揭膜时间越早,这种影响越明显,干物质积累越少。而在湿润年份,这种趋势则相反,仅在初花期,早期揭膜有利于提高 RSD 和 RVD,在此以后,由于土壤水分胁迫不明显,揭膜处理 RSD 和 RVD 反而会降低。但由于揭膜(E1、T1 处理)创造了适度的胁迫条件,有利于根系干物质的积累。过早揭膜(T10 处理)同样对根系干物质积累不利。从年际间变化来看,干旱及灌水量较少的 2015 年,根系干物质的积累较多,降雨多的2016 年对不同处理的根系干物质积累均不利,但在多雨条件下揭膜较覆膜相比可以促进干物质积累。气候正常年份,揭膜有利于抗旱性较强品种的根系干物质积累。

第 7 章　不同时期揭膜对棉花气体交换特征及叶绿素荧光特性的影响

　　"膜下滴灌"技术对新疆棉花产业的发展起到了巨大的推动作用,但也带来了"残膜污染"等沉重的环境问题。在棉花蕾期揭除地膜,可以有效地起到"控制残膜增量"的作用,但在棉花蕾期,灌溉即将或刚刚开始,在此时或之前揭除地膜,难免会对土壤温度、水分含量、蒸发等造成不同程度的影响,从而影响棉花的生长。光合作用是对水分比较敏感的生理过程,除了受气孔因素影响外,还受叶绿素含量、叶绿体功能等非气孔因素影响(赵丽英等,2007)。叶绿素荧光技术作为一种非破坏性测定植物光合效率的方法(Gameiro,et al.,2016),能够反映光合作用过程中光系统对光能的吸收、传递、耗散、分配等内在特征(赵丽英等,2007),与"表观性"的气体交换指标相比,叶绿素荧光参数在作物抗逆研究、作物育种及生理生态研究中得到不同程度应用,显示出多方面的应用前景(赵会杰等,2000;Kalaji,et al.,2014)。叶绿素荧光与光合作用中各个反应过程紧密相关,光合作用各过程发生的变化都可通过体内叶绿素荧光诱导动力学参数变化反映出来(陈建明等,2006)。关于揭膜后对作物气体交换特征的影响,前人在玉米(张建军等,2016;于永梅等,2006;贺润喜等,1999)、烟草(王瑞等,2010;杨志晓等,2010)等作物上做过一些研究,在棉花上少见有人研究。国内外对不同时期揭膜对作物叶绿素荧光参数影响的研究也很少。本研究通过对不同时期揭膜处理下棉花气体交换特征及叶绿素荧光特性的测定,明确不同时期揭膜对棉花光合作用的影响程度及机制,为合理制定栽培措施提供理论支撑。

1　材料与方法

1.1　样品采集与测定

　　在棉花开花后第 5 d,15 d,25 d,35 d,45 d,用 Li-6400 便携式光合测定系统(Li-Cor,USA)测定棉花主茎的倒数第二片叶的气体交换参数。采用标准叶室(2 cm×3 cm),每处理重复测定 3 次。为减少误差,保证测量的一致性,参考占东霞(2014)的方法,每处理共标定约 100 株左右棉花主茎的倒数第二片叶。每次均测量同一位置的叶片。

　　参考郑淑霞(2008)的方法,测定参数主要包括:叶片净光合速率(P_n,$\mu mol CO_2 \cdot m^{-2} \cdot s^{-1}$)、蒸腾速率(Trmmol,$mmol H_2O \cdot m^{-2} \cdot s^{-1}$)、气孔导度(Cond,$mmol H_2O \cdot m^{-2} \cdot s^{-1}$)、胞间 CO_2 浓度(C_i,$\mu mol \cdot mol^{-1}$),及相关气象因子:光合有效辐射(PAR,μmol photons $\cdot m^{-2} \cdot s^{-1}$)、大气 CO_2 浓度(C_a,$\mu mol \cdot mol^{-1}$)、大气压(Pa)、气温(Ta,℃)、叶温(T_{Leaf},℃)、空气相对湿度(RH,%)等。

　　气孔限制值(L_s)用 Berry 和 Downtow 的方法(1982)计算:$L_s = 1 - C_i/C_a$;根据 Penuelas 等(1998)以 P_n/Trmmol 计算瞬时水分利用效率(WUE)($\mu mol CO_2 \cdot mmol^{-1}$

H_2O),以 $P_n/Cond$ 计算潜在水分利用效率(Intrinsic WUE,WUE_i)($\mu mol\ CO_2 \cdot mmol^{-1}$ H_2O)。叶片光能利用率 $LUE(\%)=P_n/PAR\times100$(李平等,2014)。

测定气体交换参数的同时,参考 Schreiber 和 Klughammer(2008)的方法,于 8:00—12:00 利用 PAM-2500 便携式调制叶绿素荧光仪(WALZ,Germany),采用 2030-B 叶夹测定光系统 Ⅱ(PSⅡ)叶绿素荧光参数。测定前对绿色器官进行约 30 min 左右的充分暗适应。设定测量光强度为 102 $\mu mol \cdot m^{-2} \cdot s^{-1}$,光化光强度为 713 $\mu mol \cdot m^{-2} \cdot s^{-1}$,第 1 次饱和脉冲光与打开光化光的时间间隔为 40 s,打开光化光后每次饱和脉冲之间的时间间隔为 20 s,光化光照射的时间长度 310 s。淬灭分析时饱和脉冲强度为 17 250 $\mu mol \cdot m^{-2} \cdot s^{-1}$。随后转到慢速动力学曲线(slow kinetics)界面,启动程序进行自动测定慢速动力学参数,测定参数主要包括:初始荧光(minimal fluorescence,F_0)、最大荧光产量(maximal fluorescence,F_m)、任意时间的实际荧光产量(F')、光适应下的最大荧光产量(F_m')和初始荧光(F_0')。按表 7-1 计算其余荧光参数。

快速光响应曲线测定及拟合:

慢速动力学曲线测定完成后,将界面转换到"Light Curve"界面下,从低到高设 9,65,111,205,352,570,722,921,1 298,1 796 $\mu mol \cdot m^{-2} \cdot s^{-1}$ 和 2 139 $\mu mol \cdot m^{-2} \cdot s^{-1}$ 共 11 个光强梯度,进行快速光响应曲线的测定,测定不同光照强度下的相对电子传递速率(rETR,$\mu mol \cdot m^{-2} \cdot s^{-1}$),每个光强照光 20 s。各处理重复 3 次。

rETR 对 PAR 做图采用 Sigmaplot12.5 软件,利用 PAM-2500 型便携式叶绿素荧光仪自带的操作软件 PamWin-3,采用 Eilers and Peeters (1988)的公式进行光响应曲线的拟合,拟合公式如下:$ETR=PAR/(a\times PAR^2+b\times PAR+c)$。

拟合参数如下:

α,单位:electrons photons^{-1},快速光曲线的初始斜率,反映了光能利用效率。

ETR_{max},单位:$\mu mol \cdot m^{-2} \cdot s^{-1}$,最大电子传递速率。

I_k,单位:$\mu mol \cdot m^{-2} \cdot s^{-1}$,最小饱和光强(半饱和光强),反映了样品对强光的耐受能力。

各个参数的计算公式分别是:

$$\alpha=1/c; ETR_{max}=1/(b+2\sqrt{ac}); I_k=c/(b+2\sqrt{ac})$$

1.2　数据处理

本研究采用 Microsoft Excel 2010 (Microsoft Corporation) 进行数据录入和整理,并计算平均值和标准差。采用 SigmaPlot 12.5(Systat Software,Inc)作图,利用 Adobe Il-lustrator CS5(Adobe Systems Incorporated) 对图片进行后期处理,采用 SPSS 23.0 (International Business Machines Corp) 对研究数据进行统计分析,在多因素方差分析时,采用单因素一般线性模型分析不同处理对观测变量的影响,事后多重比较采用 LSD 法,所有检验以 $P<0.05$ 为差异有统计学意义。相关分析采用 Pearson 法,显著性检验采用双侧检验,以 $P<0.05$ 为相关有显著性意义,以 $P<0.01$ 为相关有极显著性意义。

表 7-1　荧光参数定义、计算公式及文献来源

缩写	定义	公式	文献来源
F_v/F_m	光系统Ⅱ(PSⅡ)的最大光化学量子产量 maximum photochemical quantum yield of PSⅡ	$F_v/F_m=(F_m-F_0)/F_m$	Kitajima and Butler, 1975
$Y(Ⅱ)$	PSⅡ的实际光化学量子产量 actual photochemical quantum yield of PSⅡ	$Y(Ⅱ)=(F_m'-F')/F_m'$	Genty et al. ,1989
qP	基于沼泽模型的光化学淬灭系数 coefficient of photochemical fluorescence quenching, puddle model	$qP=(F_m'-F')/(F_m'-F_0')$	Schreiber et al. 1986. van Kooten and Snel, 1990
qL	基于湖泊模型的光化学淬灭系数 coefficient of photochemical fluores-cence quenching assuming intercon-nected PSⅡ antennae,lake model	$qL=qP\times F_0'/F'$	Kramer et al. 2004
NPQ	非光化学淬灭参数 stern-volmer type non-photochemical fluorescence quenching	$NPQ=F_m/F_m'-1$	Bilger and Björkman, 1990
$Y(NO)$	PSⅡ处非调节性能量耗散的量子产量 quantum yield of non-light induced non-photochemical fluorescence quenching	$Y(NO)=1/(NPQ+1+qL\times(F_m/F_0-1))$	Kramer et al. 2004
$Y(NPQ)$	PSⅡ处调节性能量耗散的量子产量 quantum yield of light-induced (ΔpH and zeaxanthin-dependent) non-photochemical fluorescence quenching	$Y(NPQ)=1-Y(Ⅱ)-Y(NO)$	Kramer et al. 2004
$F'v/F'm$	PSⅡ的有效光化学量子产量 effective photochemical quantum yield of PSⅡ	$F'v/F'm=(F'm-F_0')/F'm$	Rohacek,2002
F_v/F_0	光反应中心PSⅡ的潜在活性 the potential activity of PSⅡ	$F_v/F_0=(F_m-F_0)/F_0$	赵丽英等,2007
D	吸收光能通过PSⅡ天线色素散失的部分 the part of absorption light energy which lost through PSⅡ antenna pigment	$D=1-F'v/F'm$	Demmig, et al. ,1996
E	吸收光能中不能进入光化学过程亦不能通过天线色素散失的部分 the part of absorption light energy which cannot enter the photochemical process and cannot be lost through the antenna pigment	$E=F'v/F'm\times(1-qP)$	Demmig, et al. ,1996
PP	PSⅡ的关闭程度 the close degree of PSⅡ	$PP=1-qP$	Demmig, et al. ,1996

2　结果与分析

2.1　揭膜对花后不同时期棉花气体交换参数的影响

2.1.1　揭膜对花后不同时期棉花净光合速率(Photosynthetic rate,P_n)的影响

从图 7-1 中可以看出,随着生育进程的推进,各处理 P_n 均呈逐步下降趋势。揭膜处理能增加棉花生育后期(花后 35 d 往后)的 P_n,而在初花期,各处理间差别不大,除了 2017 年新陆早 45 号在开花初期揭膜处理 P_n 略低于 CK 处外,其余揭膜处理 P_n 均略高于对照。多因素方差分析结果显示,不同处理、不同品种以及开花后不同天数,均对净

光合速率有显著影响。多重比较结果表明,2016 年,T1 和 T10 2 个处理与 CK 处理相比差异显著,E1 处理与 CK 处理相比差异不显著。2017 年,则只有 T1 处理与 CK 处理相比净光合速率差异显著。

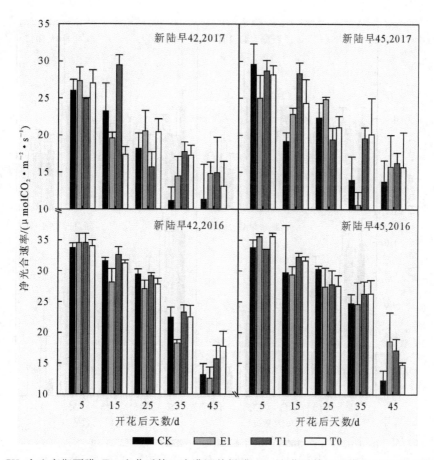

注:CK,全生育期覆膜;T1,出苗后第 1 次灌溉前揭膜;E1,出苗后第 2 次灌溉前揭膜;T10,出苗后第 1 次灌溉前 10 d 揭膜;误差棒表示标准偏差($n=3$)。

图 7—1　不同揭膜处理棉花开花后净光合速率动态变化

2.1.2　揭膜对花后不同时期棉花气孔导度(Conductance to H_2O,Cond)的影响

气孔是植物叶片与外界进行气体交换的主要通道,可以根据环境条件的变化来调节自己开度的大小而使植物在损失水分较少的条件下获取最多的 CO_2,在高温、干旱等逆境下,气孔会有不同程度的关闭,对光合作用具有重要的调节作用(Nepomuceno et al.,1998)。

从年际间变化来看(图 7—2),2016 年,随着棉株生育进程的推进,Cond 值下降趋势明显,而在 2017 年,这种下降趋势却不明显。与净光合速率的变化趋势一样,在初花期,各揭膜处理与 CK 处理差别不大,甚至还略低于 CK 处理,而在生育后期,揭膜处理的 Cond 值明显高于 CK 处理。多因素方差分析结果显示,2017 年,不同处理以及开花后不同天数均对气孔导度有显著影响,不同品种对气孔导度没有显著影响。2016 年,不同处

理、不同品种以及开花后不同天数均对气孔导度有显著影响。多重比较结果表明,2016年,T1、E1 这 2 个处理与 CK 处理相比差异显著,T10 处理与 CK 处理相比差异不显著。2017 年,则只有 T1 处理与 CK 处理相比差异显著。

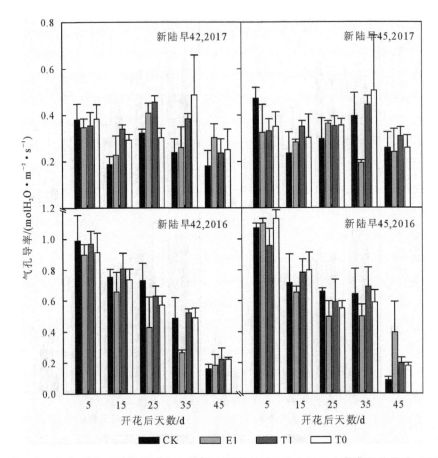

注:CK,全生育期覆膜;T1,出苗后第 1 次灌溉前揭膜;E1,出苗后第 2 次灌溉前揭膜;T10,出苗后第 1 次灌溉前 10 d 揭膜;误差棒表示标准偏差($n=3$)。

图 7-2　不同揭膜处理棉花开花后气孔导度动态变化

2.1.3　揭膜对花后不同时期棉花胞间 CO_2 浓度(Intercellular CO_2 concentration,C_i)和气孔限制值(Limiting value of stomata,Ls)的影响

余叔文和汤章城(1998)认为,逆境条件下植物的光合作用受气孔限制和光合色素含量下降、叶绿体结构的破坏等非气孔限制,使得光合速率下降,光合产物减少。气孔导度降低导致光合速率下降,而光合速率下降时,也可能反过来导致气孔导度降低。只有叶肉细胞间的 CO_2 浓度降低可以证明光合速率的降低是由于气孔导度降低导致的。而叶肉细胞间的 CO_2 浓度增高说明光合速率下降导致了气孔导度降低(许大全,2006)。根据 Farquhar 等(1982)的观点,可以用 C_i 和 Ls 的变化方向来判断植物气孔与非气孔限制,当 C_i 减小而 Ls 升高时,净光合速率降低主要由气孔因素引起;反之,光合作用的主要限制因素是非气孔因素。

花后 5 d,2017 年新陆早 45 号揭膜处理 P_n(图 7-1)、Cond(图 7-2)和 C_i(图 7-3)均较 CK 处理低,Ls 值却大大高于 CK 处理(图 7-3),2 a 间新陆早 42 号和 2016 年新陆早 45 号则是揭膜处理较 CK 处理 P_n(图 7-1)高,其中 2 a 间新陆早 42 号揭膜处理较 CK 处理 Cond(图 7-2)和 C_i(图 7-3)均低。而 2016 年新陆早 45 号则是 E1 和 T10 处理 Cond(图 7-2)和 C_i(图 7-3)均低。说明新陆早 45 号揭膜处理在 2017 开花初期光合速率降低是由气孔导度降低引起的。

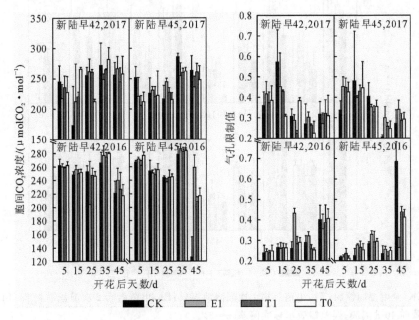

注:CK,全生育期覆膜;T1,出苗后第 1 次灌溉前揭膜;E1,出苗后第 2 次灌溉前揭膜;T10,出苗后第 1 次灌溉前 10 d 揭膜;误差棒表示标准偏差(n=3)。

图 7-3　不同揭膜处理棉花开花后胞间 CO_2 浓度和气孔限制值动态变化

而在花后 45 d,2016 年和 2017 年 CK 处理 P_n(图 7-1)、Cond(图 7-2)和 2016 年 C_i(图 7-3)均较 T1、T10 处理低,2016 年 Ls 值却较 T1,T10 处理高(图 7-3),表明在降雨较多的年份(2016 年),覆膜处理在生育后期因为气孔导度降低而导致净光合速率下降。2017 年 CK 处理净光合速率下降主要是非气孔因素引起的。

多因素方差分析结果显示,2017 年,不同开花天数对 C_i 值影响显著,品种及处理对 C_i 值影响不显著,而 2016 年除了品种对 C_i 值影响不显著,不同开花天数及不同处理均对 C_i 值有显著影响。多重比较发现,2016 年,3 个揭膜处理与 CK 处理相比差异显著,2017 年 3 个揭膜处理则与 CK 处理相比差异不显著。2 a 间除了开花天数对 Ls 影响显著外,品种和处理均对 Ls 影响不显著,各处理间差异均不显著。

2.1.4　揭膜对花后不同时期棉花蒸腾速率(Transpiration rate,Trmmol)的影响

蒸腾作用能促进植物对水分及矿物质的吸收,并且能够降低叶片表面的温度,防止光照过强造成的叶面灼伤。从图 7-4 中可以看出,2017 年除了新陆早 45 号在开花初期 CK 处理蒸腾速率略高外,其余各个时期 2 个品种揭膜处理的蒸腾速率均高于 CK 处理。

2016 年由于雨水较多,T1、T10 这 2 个处理在花后 35 d 开始蒸腾速率高于对照(2016 年 5~9 月棉花生长季节降雨 120.2 mm,播前 4 月份降雨 53.8 mm,数据来源于石河子气象局)。不同开花天数、不同品种(2017 年除外)、不同处理均对蒸腾速率有显著影响。除了 T1 与 T10 处理间差异不显著,其余处理间差异均显著。

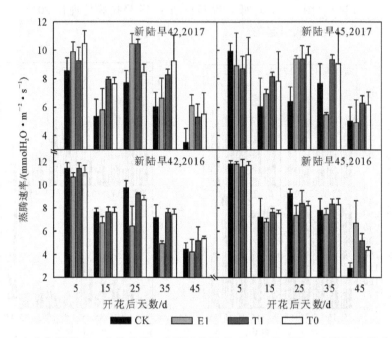

注:CK,全生育期覆膜;T1,出苗后第 1 次灌溉前揭膜;E1,出苗后第 2 次灌溉前揭膜;T10,出苗后第 1 次灌溉前 10 d 揭膜;误差棒表示标准偏差(n=3)。

图 7-4　不同揭膜处理棉花开花后蒸腾速率动态变化

2.1.5　揭膜对花后不同时期棉花瞬时水分利用效率(water use efficiency,WUE)和潜在水分利用效率(intrinsic WUE,WUE_i)的影响

水分利用效率常用下述方式来表示:叶片瞬时水分利用效率以净光合速率与蒸腾速率的比值来描述,潜在水分利用效率以净光合速率与气孔导度的比值来描述(Penuelas et al.,1998)。植物叶片对光能的吸收、传递和利用取决于物种和环境因子。在一定范围内,提高光强可增加植物的光合速率,然而,植物往往不能将所吸收的光能全部用于光合固碳。植物 WUE 是一个较为稳定的衡量碳固定与水分消耗比例的良好指标。当气孔成为叶片气体交换主导限制因子时,以 WUE_i 来描述光合作用中水分利用状况较为合适(郑淑霞和上官周平,2002)。

从图 7-5 中可以看出,2016 年 WUE 呈单峰曲线变化,后期变化较平缓,除了新陆早 45 号在花后 45 d 揭膜处理 WUE 低于 CK 处理外,其余时期则是揭膜处理 WUE 略高于 CK 处理。2017 年各处理 WUE 呈波浪起伏变化,新陆早 42 号在大部分时期 CK 处理的 WUE 高于揭膜处理,而新陆早 45 号则是在花后 35 d,揭膜处理 WUE 均高于 CK 处理。多雨年份揭膜处理 WUE 略高于 CK 处理,在正常年份则是 CK 处理在前期 WUE 较高。

　　方差分析显示,2 a 间,除品种外,开花后天数和不同处理均对 WUE 有显著影响。
2016 年除了 E1 和 CK 之间差异显著外,其余 2 个揭膜处理均与 CK 处理相比差异不显
著。2017 年,则是 E1 和 CK 之间差异不显著,其余两个揭膜处理均与 CK 处理相比差异
显著。

　　2016 年 WUE_i 基本呈直线上升趋势,2017 年 WUE_i 变化趋势与 WUE 类似。2 a 间
各处理间 WUE_i 的高低差异趋势基本与 WUE 相同。2016 年除品种外,开花后天数和不
同处理均对 WUE_i 有显著影响,除了 T1 和 T10 间差异不显著外,其余处理间差异均显
著。2017 年则仅有开花后天数对 WUE_i 有显著影响,各处理间差异均不显著。

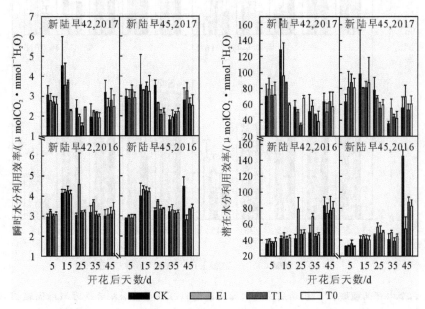

注:CK,全生育期覆膜;T1,出苗后第 1 次灌溉前揭膜;E1,出苗后第 2 次灌溉前揭膜;T10,出苗后
第 1 次灌溉前 10 d 揭膜;误差棒表示标准偏差($n=3$)。
图 7-5　不同揭膜处理棉花开花后瞬时水分利用效率和潜在水分利用效率动态变化

2.1.6　揭膜对花后不同时期棉花光能利用效率(light use efficiency,LUE)的影响

　　从图 7-6 中可以看出,随着棉株生育进程的推进,各处理 LUE 均呈下降趋势,但
2016 年下降趋势相对平缓。从花后 35 d 开始,T1、T10 处理 LUE 均高于 CK 处理。花
后 5 d,2016 年揭膜处理 LUE 较 CK 处理高。2017 年则较 CK 处理低。由此可见,揭膜
可以提高棉花后期的 LUE。在多雨季节,开花初期揭膜也能提高 LUE。

　　多因素方差分析结果表明,2016 年,品种、处理和开花后天数均对 LUE 没有显著影
响,T1、T10 与 CK 间以及 E1 与 T1 间差异显著;2017 年,品种对 LUE 有显著影响,各处
理间差异不显著。

2.2　净光合速率与其他气体交换参数的相关关系

　　通过对 2 a 间不同处理 P_n 与其他气体交换参数的相关分析结果(表 7-2)表明,2016
年各处理 P_n 与 Cond 均呈极显著的正相关,相关系数在 0.9 以上。2017 年除 T1 处理外,

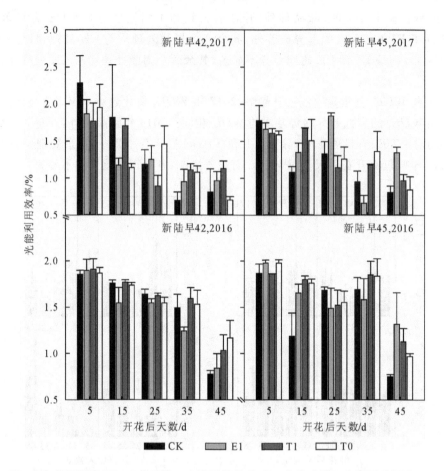

注:CK,全生育期覆膜;T1,出苗后第 1 次灌溉前揭膜;E1,出苗后第 2 次灌溉前揭膜;T10,出苗后
第 1 次灌溉前 10 d 揭膜;误差棒表示标准偏差($n=3$)。

图 7-6　不同揭膜处理棉花开花后光能利用效率动态变化

各处理 P_n 值虽然也与 $Cond$ 值呈显著或极显著的正相关,但相关系数不到 0.5。2016 年
除 E1 处理外,其余 3 个处理 P_n 值均与 C_i 值呈显著或极显著的正相关,与 Ls 值呈极显著
的负相关。2017 年各处理 P_n 值均与 C_i 值呈负相关,与 Ls 值呈正相关,E1、T1 处理达到
极显著。综上所述,2016 年生育期内各处理光合速率的降低主要是由气孔因素引起的。
2016 年各处理 P_n 值均与 WUE 值呈正相关,相关系数均不大,揭膜处理相关系数略高于
CK 处理,其中以 T1 处理为最高。而 2017 年各处理 P_n 值均与 WUE 值呈显著正相关,
其中 T1 处理相关系数达到极显著。各处理 P_n 值与 WUE_i 值在 2016 年均呈显著或极显
著的负相关,在 2017 年则呈正相关,其中 E1、T1 处理达到极显著。2 a 间各处理 P_n 值均
与 LUE 呈极显著的正相关,2016 年 CK 处理相关系数最高,2017 年则是揭膜处理高于
CK 处理。表明降雨正常的年份,光能利用率对光合影响最大,其次为水分状况。而在多
雨年份,光合作用则主要取决于光能利用率。

表 7－2　2016－2017 年棉花不同揭膜处理净光合速率(Pn)与其他气体交换参数的相关系数($n=30$)

年份	处理	Cond	C_i	Trmmol	WUE	WUE_i	Ls	LUE
2016	CK	0.926**	0.433*	0.919**	0.021	−0.654**	−0.589**	0.971**
	E1	0.882**	−0.011	0.809**	0.192	−0.461*	−0.302	0.966**
	T1	0.938**	0.541**	0.830**	0.218	−0.855**	−0.784**	0.934**
	T10	0.939**	0.553**	0.875**	0.193	−0.872**	−0.801**	0.942**
2017	CK	0.478**	−0.331	0.590**	0.411*	0.305	0.358*	0.807**
	E1	0.480**	−0.516*	0.655**	0.449*	0.497*	0.559**	0.899**
	T1	0.094	−0.768**	0.284	0.775**	0.801**	0.825**	0.889**
	T10	0.432*	−0.453*	0.757**	0.376	0.328	0.423*	0.871**

注:1.相关分析采用 Pearson 法，* 在 0.05 级别(双尾)，相关性显著；* * 在 0.01 级别(双尾)，相关性显著。

2.CK，全生育期覆膜；T1，出苗后第 1 次灌溉前揭膜；E1，出苗后第 2 次灌溉前揭膜；T10，出苗后第 1 次灌溉前 10 d 揭膜。

2.3　不同时期揭膜对棉花叶绿素荧光特性的影响

2.3.1　不同时期揭膜对棉花初始荧光(F_0)和可变荧光(F_v)的影响

初始荧光(minimal fluorescence，F_0)也称基础荧光、0 水平荧光，是 PSⅡ反应中心全部开放即原初电子受体(QA)全部氧化时的荧光水平，它与叶绿素浓度有关(张铮等，2011)。PSⅡ天线色素的热耗散常导致 F_0 降低，而 PSⅡ反应中心的破坏或可逆失活则引起 F_0 的增加，因此可根据 F_0 的变化推测反应中心的状况和可能的光保护机制(赵丽英等，2007)。最大荧光产量是 PSⅡ反应中心处于完全关闭时的荧光产量，可反映经过 PSⅡ的电子传递情况。通常叶片经暗适应 20 min 后测得。可变荧光(variable fluorescence)$F_v=F_m-F_0$，反映 QA 的还原情况(许大全等，1992)。

通过图 7－7 可以看出，2017 年开花后 5 d 揭膜处理 F_0 均高于 CK 处理，之后均比 CK 处理低。在花后 45 d，T10 处理 F_0 值最低，由此可以推断，2017 年降雨正常，揭膜在开花初期导致了干旱胁迫，对 PSⅡ反应中心造成了一定程度的破坏。之后随着灌水的充足，揭膜处理因为前期经过干旱胁迫诱导，后期反应中心的破坏得以修复，且揭膜时间越早，越到生育后期，这一保护机制表现得越明显。

2016 年开花后 5 d 的 F_0 值以 CK 处理为最高。这可能是由于 2016 雨水较多，开花初期土壤通透性下降，对 PSⅡ反应中心造成了一定程度的破坏，对棉花生长造成不利影响。之后各处理 F_0 值与 CK 处理相比相差不大或略低于 CK。在花后 45 d，T10 处理 F_0 值最低，这说明 T10 处理反应中心在后期也得以修复。

从测定的 F_v 数据来看，2017 年花后 5 d 揭膜处理 F_v 值略低于对照，从开花后 25 d 开始新陆早 42 号 E1 处理 F_v 值均比 CK 处理高，而新陆早 45 号则是揭膜处理均比 CK 处理的 F_v 值低。说明新陆早 45 号抗旱性较差，在后期更适合覆膜栽培。揭膜会使新陆早 45 号后期 QA 的还原能力下降得更多。2016 年开花后 5 d CK 处理 F_v 值最高，说明此时期 CK 处理 PSⅡ反应中心虽然遭受一定程度的破坏，但 QA 的还原能力依然较强。

随后,E1 处理 QA 还原能力始终处于较高水平。T1 和 T10 处理在花后 45 d QA 的还原能力均比 CK 处理低。

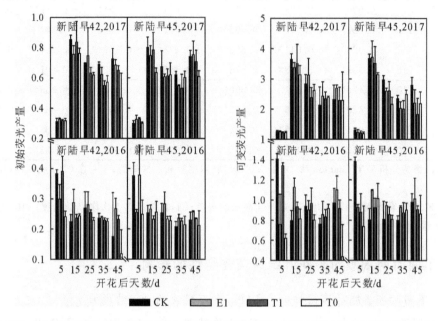

注:CK,全生育期覆膜;T1,出苗后第 1 次灌溉前揭膜;E1,出苗后第 2 次灌溉前揭膜;T10,出苗后第 1 次灌溉前 10 d 揭膜;误差棒表示标准偏差($n=3$)。

图 7-7　不同揭膜处理棉花初始荧光和可变荧光产量动态变化

方差分析显示,2017 年只有不同开花天数对 F_0 有显著影响,不同处理和开花后天数对 F_v 影响显著,T1 和 T10 与 CK 间 F_0、F_v 差异显著,2016 年不同处理和开花天数均对 F_0 和 F_v 有显著影响,T10 与其余处理间 F_0 和 F_v 差异均显著。

这表明,在雨水多的年份早揭膜(T10 处理)可以修复开花初期(花后 5 d)因土壤水分过多对棉花 PSⅡ 反应中心造成的破坏,但 QA 的还原能力显著下降。适期揭膜(E1、T1 处理)提高了中后期(花后 15~45 d)QA 的还原能力,有利于棉花的生长;而在正常年份,早期揭膜对棉花生长造成了胁迫,对 PSⅡ 反应中心造成一定程度的破坏,降低了 QA 的还原能力,随后随着灌水的充足,抗旱品种(新陆早 42 号)遭破坏的反应中心得以恢复,QA 的还原能力得以提高。不抗旱的品种(新陆早 45 号)QA 的还原能力一直比 CK 处理低。

2.3.2　不同时期揭膜对棉花 F_v/F_m 和 F_v/F_0 的影响

F_v/F_m 是 PSⅡ 最大光化学量子产量(maximum photochemical quantum yield of PSII),反映 PSⅡ 反应中心内禀光能转换效率(intrinsic PSⅡ efficiency)或称最大 PSⅡ 的光能转换效率(optimal/maximal PSⅡ efficiency),叶暗适应 20 min 后测得(万晓,2015)。非胁迫条件下该参数的变化极小,不受物种和生长条件的影响,胁迫条件下该参数明显下降,是反映光抑制程度的良好指标和探针。F_v/F_0 表示光反应中心 PSⅡ 的潜在活性(赵丽英等,2007)。

　　从图 7－8 中可以看出,开花初期(花后 5 d)均是 CK 处理 F_v/F_m 最高,说明在初期揭膜会对棉花生长造成一定的不利影响,使 PSⅡ原初光化学活性受到抑制,PSⅡ活性中心受到损伤。随着生育进程的推进,灌水使得处理间土壤含水量差距逐渐缩小,加之揭膜处理经过前期的干旱诱导,揭膜处理 PSⅡ活性中心得到恢复甚至增强,揭膜处理 F_v/F_m 与 CK 处理间的差距逐渐缩小,甚至超过 CK 处理。而在开花后期,在 2016 年降雨较多的年份,随着灌水的停止,覆膜可以保持更多的土壤含水量,使得 CK 处理 PSⅡ反应中心具有更高的光能转换效率。而揭膜处理前期受到的干旱胁迫较少,没有经过充分的胁迫锻炼,PSⅡ反应中心的光能转换效率较 CK 处理低。在 2017 年降雨正常的年份,新陆早42 号可能因为抗旱性较强,前期揭膜经过干旱胁迫锻炼后,中后期 PSⅡ原初光化学活性较 CK 处理显著提高。F_v/F_0 变化趋势与 F_v/F_m 一致。

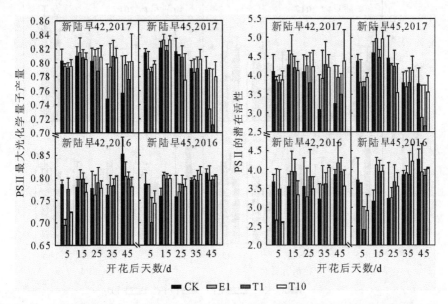

注:CK,全生育期覆膜;T1,出苗后第 1 次灌溉前揭膜;E1,出苗后第 2 次灌溉前揭膜;T10,出苗后第 1 次灌溉前 10 d 揭膜;误差棒表示标准偏差($n=3$)。

图 7－8　不同揭膜处理棉花 PSⅡ最大光化学量子产量和 PSⅡ的潜在活性动态变化

　　方差分析结果显示,2 a 间仅开花后天数对 F_v/F_m,F_v/F_0 有显著影响,各处理间差异均不显著。

　　上述结果表明,揭膜处理在开花前期使 PSⅡ原初光化学活性受到抑制,PSⅡ活性中心受到损伤。而在开花中期,揭膜可以提高 PSⅡ原初光化学活性。在开花后期,降雨较多的年份揭膜处理 PSⅡ原初光化学活性较 CK 处理低,在干旱的年份,揭膜可以提高抗旱品种的 PSⅡ反应中心的光能转换效率。

2.3.3　不同时期揭膜对 PSⅡ的关闭程度以及光能捕获效率的影响

　　应用调制式叶绿素荧光仪测定活体叶片的可变荧光和最大荧光等荧光参数,可以计算光反应中心的光化学效率、光化学淬灭和非光化学淬灭以及天线色素和反应中心复合物将吸收的多余的光能以热能的方式散发的比例。当叶片吸收的光能过剩时,PSⅡ被过度还原,部分 PSⅡ反应中心关闭,PSⅡ反应中心的关闭程度(PP)反映 PSⅡ反应中心被还原的程度(张守仁和高荣孚,2000)。

从图 7-9 中可以看出,花后 5 d,在降雨正常的年份(2017 年),揭膜可以造成抗旱性较差的新陆早 45 号 PSⅡ反应中心关闭程度增加,不利于光反应的进行。而相对于较抗旱的品种(2017 年新陆早 42 号)或降雨较多的年份(2016 年),揭膜可以促进 PSⅡ反应中心的开放,有利于光反应的进行。在花后 45 d,早揭膜(T10 处理)可以显著降低 PSⅡ反应中心的关闭程度,且越是在降雨少的年份(2017 年),这种趋势越明显。方差分析和多重比较结果显示,2017 年,开花后天数和处理对 PP 影响显著,T10 与其余 3 个处理间的差异均显著。2016 年,不同处理对 PP 影响显著,E1 和 T10 处理与 CK 处理相比差异显著。

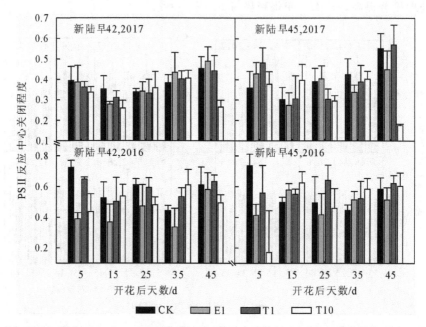

注:CK,全生育期覆膜;T1,出苗后第 1 次灌溉前揭膜;E1,出苗后第 2 次灌溉前揭膜;T10,出苗后第 1 次灌溉前 10 d 揭膜;误差棒表示标准偏差($n=3$)。

图 7-9　不同揭膜处理棉花 PSⅡ反应中心关闭程度动态变化

F_v'/F_m'表示 PSⅡ的有效光化学量子产量(effective photochemical quantum yield of PSⅡ),反映开放的 PSⅡ反应中心原初光能捕获效率;Y(Ⅱ)表示 PSⅡ的实际光化学量子产量(actual photochemical quantum yield of PSⅡ),它反映 PSⅡ反应中心在有部分关闭情况下的实际原初光能捕获效率。上述 2 个指标叶片不经过暗适应在光下直接测得(张守仁和高荣孚,2000)。

从图 7-10 中可以看出,2017 年,揭膜可以降低开花初期(花后 5 d)PSⅡ反应中心原初光能捕获效率及实际光能捕获效率,之后则是大幅提高 PSⅡ有效光化学量子产量及实际光化学量子产量,尤其是在生育后期,揭膜最早的处理(T10)表现得最明显。而在多雨的 2016 年,揭膜可以显著提高初期(花后 5 d)PSⅡ实际光能捕获效率,随着棉株生育进程的推进,CK 处理与揭膜处理间 Y(Ⅱ)的差距在逐渐缩小。2016 年,揭膜对 PSⅡ反应中心原初光能捕获效率影响不大。对于抗旱性稍强的新陆早 42 号，早期揭膜（T10）可以提高 PSⅡ 反应中心原初光能捕获效率，但对于新陆早 45 号，揭膜仅在前期可以提高 PSⅡ 反应中心原初光能捕获效率。

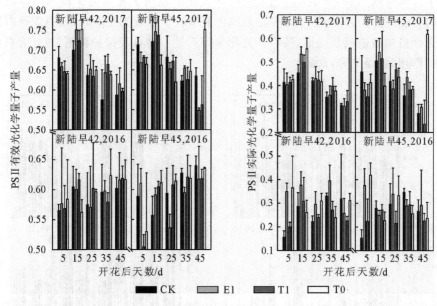

注：CK，全生育期覆膜；T1，出苗后第 1 次灌溉前揭膜；E1，出苗后第 2 次灌溉前揭膜；T10，出苗后第 1 次灌溉前 10 d 揭膜；误差棒表示标准偏差（$n=3$）。

图 7—10　不同揭膜处理棉花 PSⅡ 有效光化学量子产量和实际光化学量子产量动态变化

方差分析显示，2 a 期间仅开花后天数对 F_v'/F_m' 有显著影响，2017 年各处理与 CK 处理间的差异均不显著，T10 与 E1 处理间差异显著。2016 年各处理间差异均不显著。2017 年开花后天数和处理对 $Y(Ⅱ)$ 影响显著，T10 与其余 3 个处理间均差异显著，T1 和 E1 处理与 CK 处理间的差异均不显著；2016 年仅不同处理对 $Y(Ⅱ)$ 影响显著，E1 和 T10 处理与 CK 处理间均差异显著。除了 E1 和 T10 之间差异不显著外，其余揭膜处理间均差异显著。

上述结果表明，揭膜处理在正常年份会降低开花初期（花后 5 d）、提高开花中后期（花后 15～45 d）PSⅡ 有效光化学量子产量及实际光化学量子产量，而在多雨年份，揭膜则可以提高开花初期（花后 5 d）PSⅡ 实际光化学量子产量，对 PSⅡ 有效光化学量子产量影响不大。

2.3.4　不同时期揭膜对棉花 qL 和 NPQ 的影响

荧光淬灭是植物体内光合量子效率调节的重要方面，它分为光化学淬灭（qL）和非光化学淬灭（NPQ）2 类。光化学淬灭反映的是 PSⅡ 天线色素吸收的光能用于光化学电子传递的份额，要保持高的光化学淬灭就要使 PSⅡ 反应中心处于"开放"状态，所以光化学淬灭又在一定程度上反映了 PSⅡ 反应中心的开放程度，代表 PSⅡ 中处于开放状态的反应中心所占的比例（赵丽英等，2007）。光化学淬灭主要有 2 个参数，其中 qP 是基于沼泽模型的（puddle model，Schreiber et al. 1986 as Formulated by van Kooten and Snel，

1990)，qL 是基于湖泊模型的(lake model，Kramer et al. 2004)。光化学淬灭反映了 PSⅡ原初电子受体 QA 的还原状态，它由 QA 重新氧化形成(Kraese，1988)。光化学淬灭系数愈大，QA 重新氧化形成 QA 的量愈大，即 PSⅡ的电子传递活性愈大(王可玢等，1997)。非光化学淬灭反映的是 PSⅡ天线色素吸收的光能不能用于光合电子传递而以热的形式耗散掉的光能部分。当 PSⅡ反应中心天线色素吸收了过量的光能时，如不能及时地耗散将破坏光合机构或造成其失活，所以非光化学淬灭是一种自我保护机制，对光合机构起一定的保护作用(赵丽英等，2007)。

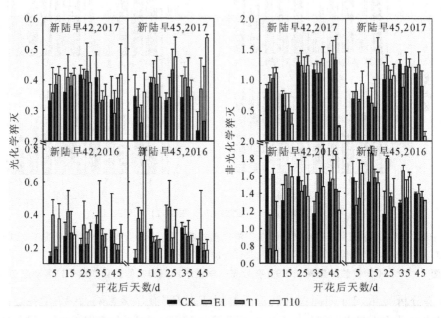

注：CK，全生育期覆膜；T1，出苗后第 1 次灌溉前揭膜；E1，出苗后第 2 次灌溉前揭膜；T10，出苗后第 1 次灌溉前 10 d 揭膜；误差棒表示标准偏差($n=3$)。

图 7—11　不同揭膜处理棉花光化学淬灭和非光化学淬灭动态变化

通过图 7—11 可以看出，在降雨较多的的年份(2016 年)，揭膜可以显著提高开花初期(花后 5 d)PSⅡ的电子传递活性，早揭膜(T1、T10 处理)则对后期 PSⅡ的电子传递不利。E1 处理整个生育期电子传递活性最强。在降雨正常的年份(2017 年)，揭膜可以提高新陆早 42 号开花初期(花后 15 d 之前)和新陆早 45 号开花中后期(花后 25 d 之后)PSⅡ的电子传递活性。在花后 45 d，T10 处理 PSⅡ的电子传递活性均最高。2017 年，揭膜处理在开花初期(花后 5 d)NPQ 较 CK 处理高，说明揭膜处理吸收的光能主要通过热散失散失掉，进入光化学的部分少。这也进一步说明在开花初期揭膜对棉花造成了一定的胁迫，植株通过热散失来进行自我保护。在花后 25 d，新陆早 42 号揭膜处理的 NPQ 值较 CK 处理降低，而新陆早 45 号的 NPQ 值依然比 CK 处理高，表明新陆早 45 号依然在进行自我保护。在开花末期(花后 45 d)，T10 处理 NPQ 值最低，表明前期干旱锻炼使得棉花在后期 PSⅡ依然具有较高的光化学活性。2016 年在开花初期，覆膜处理 NPQ 值较高，说明此时揭膜没有造成胁迫，吸收光能主要进行光化学反应(qL 高)，热耗散少。在后期，早期揭膜(T10)处理 NPQ 值最低，说明此时棉花 PSⅡ活性仍较高，但新陆早 45 号表现得不明显。

方差分析结果表明,2016 年,不同处理、品种及开花后天数均对 NPQ 没有显著影响,各处理间差异也不显著;不同处理对 qL 影响显著,E1 和 T10 处理与 CK 处理间差异显著;2017 年,仅开花后天数对 NPQ 有显著影响,各处理间差异也不显著,不同处理及开花后天数对 qL 影响显著,T10 与其余 3 个处理间都有显著差异。

2.3.5　不同时期揭膜对棉花非光化学淬灭的量子产量的影响

Y(NPQ)和 Y(NO)是 Kramer 等(2004)提出的 2 个新参数。Y(NPQ)是指 PSⅡ处调节性能量耗散的量子产量。若 Y(NPQ)较高,一方面表明植物接受的光强过剩,另一方面则说明植物仍可以通过调节(如将过剩光能耗散为热)来保护自身。Y(NPQ)是光保护的重要指标。Y(NO)是指 PSⅡ处非调节性能量耗散的量子产量。若 Y(NO)较高,则表明光化学能量转换和保护性的调节机制(如热耗散)不足以将植物吸收的光能完全消耗掉。也就是说,入射光强超过了植物能接受的程度。这时,植物可能已经受到损伤,或者(尽管还未受到损伤)继续照光的话植物将要受到损伤。Y(NO)是光损伤的重要指标。Y(Ⅱ)+Y(NO)+Y(NPQ)=1(Junior－PAM 中文操作手册)。

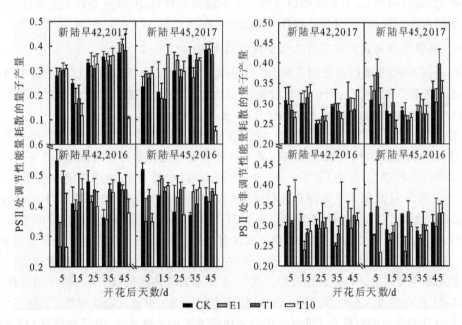

注:CK,全生育期覆膜;T1,出苗后第 1 次灌溉前揭膜;E1,出苗后第 2 次灌溉前揭膜;T10,出苗后第 1 次灌溉前 10 d 揭膜;误差棒表示标准偏差($n=3$)。

图 7－12　不同揭膜处理棉花 PSⅡ处调节性和非调节性能量耗散的量子产量动态变化

从图 7－12 中可以看出,在开花初期(花后 5 d),2017 年揭膜处理及 2016 年 CK 处理 Y(NPQ)值较高,表明此种处理下棉花植株受到胁迫,植株通过将过剩光能耗散为热等方式来保护自身。其余时间 Y(NPQ)变化趋势与 NPQ 相同。从光损伤的指标 Y(NO)来看,2017 年抗旱性较强的新陆早 42 号揭膜处理在开花初期主要通过热耗散等途径来避免光损伤,揭膜时间过早(T10),对新陆早 42 号开花末期也造成了一定程度的光损伤。

而抗旱性较差的新陆早 45 号虽然也将一部分光能通过热量的形式散失掉,但是揭膜仍然对开花初期植株造成了光损伤。在多雨年份(2016 年),新陆早 42 号覆膜处理通过调节(如将过剩光能耗散为热)避免了开花初期的光损伤,而新陆早 45 号则是早揭膜处理(T10)在开花初期光损伤最低。之后新陆早 42 号揭膜处理 $Y(NO)$ 与 CK 处理相差不大,只是在花后 45 d,T1 和 T10 处理 $Y(NO)$ 稍高。而新陆早 45 号则是从花后 35 d 开始,T1 和 T10 处理 $Y(NO)$ 较高。

2017 年,不同处理和开花后天数对 $Y(NPQ)$ 有显著影响,T10 与其余处理间均差异显著,E1 和 T1 与 CK 处理间差异不显著。只有不同开花天数对 $Y(NO)$ 有显著影响,除了 T1 和 T10 处理间 $Y(NO)$ 差异显著外,其余处理间均差异不显著。2016 年不同处理对 $Y(NPQ)$ 有显著影响,除了 E1 和 T10,T1 和 CK 间差异不显著外,其余处理间均差异显著。不同开花后天数对 $Y(NO)$ 有显著影响,只有 E1 处理与 T1 和 CK 处理间差异显著。

综上表明,早揭膜处理(T10)在后期(花后 45 d)的光保护能力下降,对植株造成了不同程度的光损伤。而在开花初期,2017 年虽然揭膜处理的光保护能力均比 CK 处理强,但新陆早 45 号依然受到了光损伤;而在 2016 年,新陆早 42 号 CK 处理通过光保护使光损伤降低,而新陆早 45 号 CK 处理虽然光保护能力也较强,但依然受到了光损伤,T10 处理可能经过胁迫锻炼,受到的光损伤为最低。

2.3.6　不同时期揭膜对棉花叶片能量转换的影响

高光强下 PSⅡ吸收的光能主要有 3 个去向,一部分通过天线色素以热能散失(D),一部分进入光化学过程(P),剩余的激发能既不能进入光化学过程亦不能通过天线色素散失(E),根据能量守恒定律,$P+D+E=1$,在光下,$P=Y(Ⅱ)$。

通过图 7-13 可以看出,2017 年,除了新陆早 45 号的 T10 处理在花后 45 d 进入光化学过程的能量(P)所占的比例最高,其余各处理进入光化学过程的能量(P)所占的比例基本呈单峰曲线变化,在花后 15 d 所占的比例最高,2016 年这种趋势则表现得不明显。2017 年除 T10 外其余 3 个处理热耗散(D)所占的比例均为花后 45 d 最高,4 个处理花后 25 d,35 d 热耗散(D)所占的比例较花后 5 d,15 d 要高。这表明在降雨正常的年份,前期吸收的光能主要进行光化学反应,后期主要通过热耗散来避免过多光能对光合机构造成的破坏,而 T10 处理由于前期胁迫锻炼较充分,在后期 PSⅡ反应中心的活性依然较高,可以将吸收的光能主要用来进行光化学反应。2016 年 4 个处理热耗散(D)所占的比例变化不大,花后 5 d CK 处理进入光化学过程的能量(P)所占的比例明显较其余处理低。这进一步表明 2016 年开花初期覆膜对棉花 PSⅡ反应中心结构造成了一定的破坏,但活性以及 QA 的还原能力没有受太大影响(图 7-7),吸收的光能主要通过热耗散散失掉(图 7-11)。

2016 年各处理热耗散(D)所占的比例最高,结合图 7-8 中 F_0 的变化趋势可以表明,2017 年 T10 处理后期 F_0 降低主要是 PSⅡ反应中心活性提高所致。2016 年 T10 处理后期 F_0 降低则主要是热耗散的原因。2016 年各处理整体 F_0 值低于 2017 年,则表明 2016 年吸收的光能大部分通过热耗散得到散失,进入光化学的部分少。2016 年和 2017 年花后 45 d,进入光化学过程的能量(P)所占的比例均是 T10 处理最高,且 2017 年表现得最明显,这说明揭膜时间越早,即越早进行干旱胁迫,越能提高 PSⅡ反应中心的活性,这种趋势在干旱的年份表现得更明显。

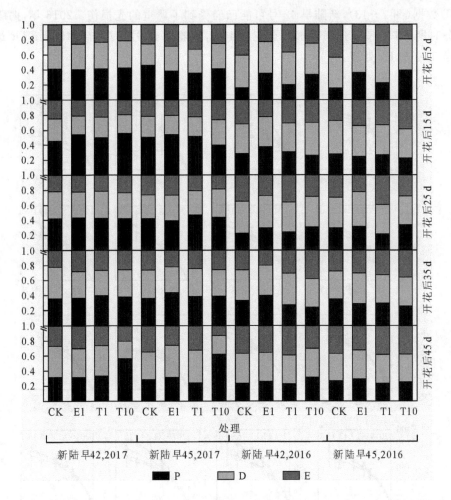

注：D、P 和 E 分别表示吸收光能中通过天线色素以热能散失的部分、进入光化学过程部分和剩余部分；XLZ42，新陆早 42 号；XLZ45，新陆早 45 号；CK，全生育期覆膜；T1，出苗后第 1 次灌溉前揭膜；E1，出苗后第 2 次灌溉前揭膜；T10，出苗后第 1 次灌溉前 10 d 揭膜。

图 7—13　不同揭膜处理对棉花叶片光能分配的影响

2.4　不同揭膜处理下棉花快速光响应曲线特征

快速光响应曲线直观地反映了不同光强条件下光和机构的电子传递活性，通过对曲线进行拟合，相关参数可以反映光合机构的最大电子传递速率、光能利用效率以及对强光的耐受程度(Ralph and Gademann，2005)。

从图 7—14 中可以看出，2017 年，花后 5 d，新陆早 42 号 T10 处理的实际电子传递速率(ETR)最高，而新陆早 45 号则是 CK 处理具有最高的 ETR。花后 15～25 d，2 个品种均是揭膜处理 ETR 高于 CK 处理。花后 35 d，新陆早 42 号 T1 处理 ETR 最高，而新陆早 45 号则是 E1 处理 ETR 最高。花后 45 d，新陆早 42 号和新陆早 45 号 ETR 最低的分别是 T10 和 T1 处理。其中新陆早 42 号 T10 处理已经出现明显的光饱和现象，结合

$Y(NO)$数据(图 7—13),新陆早 42 号可能已经受到了严重的光损伤。2016 年,揭膜处理大部分时期 ETR 都高于 CK 处理,至花后 45 d,新陆早 42 号和新陆早 45 号 ETR 最高的分别是 T10 和 E1 处理。

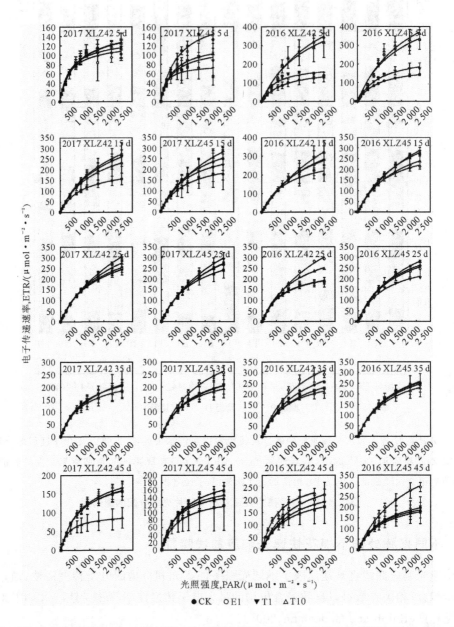

注:CK,全生育期覆膜;T1,出苗后第 1 次灌溉前揭膜;E1,出苗后第 2 次灌溉前揭膜;T10,出苗后第 1 次灌溉前 10 d 揭膜;误差棒表示标准偏差($n=3$);XLZ42,新陆早 42 号;XLZ45,新陆早 45 号。

图 7—14　花后不同时期不同揭膜处理棉花快速光响应曲线

除了 2016 年 E1 和 T10 处理棉花最大电子传递速率(ETR_{max})(表 7—3)随生育进程呈下降趋势外,2016 年其余处理及 2017 年不同揭膜处理下 ETR_{max} 基本呈单峰曲线变化。2016—2017 年不同处理间 ETR_{max} 差异趋势与 ETR 基本相吻合。方差分析显示，2017 年不同开花天数对 ETR_{max} 影响显著，各处理间 ETR_{max} 差异不显著；2016 年不同处理及开花后天数均对 ETR_{max} 有显著影响，E1 和 T10 处理与 CK 处理间差异显著。

综上所述，揭膜在多雨季节可以提高棉花各生育期实际电子传递速率及最大电子传递速率，尤其在开花初期表明得更明显。在揭膜时间上，抗旱性较强的品种可以适当早揭膜，反之，抗旱性较差的品种揭膜时间要推迟。而在正常年份，揭膜可以提高开花中期（花后 15～25 d）的 ETR 和 ETR_{max}。对于抗旱性较强的品种（新陆早 42 号），早揭膜（T10）虽然可以提高开花初期（花后 5 d）ETR 和 ETR_{max}，但在后期却对植株造成了光损伤。揭膜处理降低了抗旱性较差的新陆早 45 号开花初期的 ETR 和 ETR_{max}。在 2017 年 3 个揭膜处理中，揭膜时间越早，ETR_{max} 越大，这可能是与早揭膜能更早地接受干旱锻炼有关。

快速光曲线的初始斜率 α（表 7-4），反映了光能的利用效率。2017 年，新陆早 42 号 3 个揭膜处理及新陆早 45 号的 T10 处理除了在花后 25d 光能利用效率略低于 CK 处理外，其余时间揭膜处理 α 值均比 CK 处理高。而在 2016 年，揭膜处理可以提高花后 5～15 d 的光能利用效率，在后期各处理间差距不大。2017 年开花后天数对 α 值有显著影响，揭膜处理中只有 T1 与 CK 处理间差异显著，揭膜处理间 E1 与 T1 及 T10 差异均显著。2016 年品种、处理及开花后天数均对 α 值无显著影响，仅 E1 与 T10 处理间差异显著。由此可见，揭膜可以在多雨年份提高棉花开花中前期光能利用效率。在正常年份，揭膜在开花中期对光能利用效率稍有不利影响，其余时期均能提高棉花的光能利用率。

半饱和光强或最小饱和光强（I_k）（表 7-5），反映了植株对强光的耐受能力。2017 年新陆早 42 号不同时期基本上是 T1 处理 I_k 值最高，而新陆早 45 号则是初期 T1 处理 I_k 值最高，后期 E1 处理 I_k 值最高。2016 年花后 5 d 揭膜处理 I_k 值显著高于 CK 处理，在后期则是 E1 处理 I_k 值最高。2017 年开花后天数对 I_k 值影响显著，各处理间差异不显著。2016 年不同处理及开花后天数均对 I_k 值影响显著，E1 和 T10 均与 CK 处理间差异显著。E1 与 T1 间差异也达到显著水平。

综上，适期揭膜可以提高植株对强光的耐受能力，尤其是在多雨年份开花初期最明显。在实际生产中可以根据品种的抗旱程度以及降雨情况来确定合适的揭膜时间。

3　讨论

3.1　不同时期揭膜对棉花气体交换参数的影响

新疆北部沿天山一带属于早熟棉区或风险棉区，在棉花生长初期，地膜覆盖具有增温保墒、缩短棉花生育期的作用，以地膜覆盖和滴灌技术为基础的"膜下滴灌"技术对北疆的棉花生产起到了极大的推动作用。在棉花开始灌水后，随着气温的升高和灌水量的增多，继续覆膜可能会对土壤条件的改善、根系的发育以及光合性能等产生不利影响（杜长玉等，1989）。

表7-3　花后不同时期不同揭膜处理处理条件下棉花最大电子传递速率

年份	品种	处理	开花后天数/d				
			5	15	25	35	45
2017	新陆早42号	CK	112.80±13.49	203.43±68.76	350.87±102.40	216.07±34.76	158.63±30.01
		E1	114.10±12.65	242.00±7.50	273.80±57.09	269.97±98.73	163.37±28.63
		T1	133.70±31.40	339.75±30.19	312.80±31.68	221.03±37.50	175.90±12.85
		T10	142.27±12.95	293.57±49.84	315.50±3.38	226.53±65.22	153.80±43.27
	新陆早45号	CK	220.27±93.04	202.70±66.08	260.20±32.46	244.67±72.55	140.07±15.14
		E1	87.30±5.91	261.17±54.77	279.23±26.50	262.30±35.13	166.83±12.39
		T1	94.07±23.07	223.90±69.86	312.17±34.04	254.07±66.68	118.20±65.06
		T10	122.67±10.36	360.77±96.89	320.53±14.02	209.70±28.74	160.87±37.17
2016	新陆早42号	CK	134.20±22.29	209.40±12.87	185.95±7.00	258.90±7.35	240.20±160.94
		E1	586.27±129.82	561.13±352.30	331.10±8.02	294.40±22.88	231.97±31.76
		T1	146.10±45.72	365.37±180.43	182.35±19.73	223.55±5.87	209.85±18.60
		T10	434.75±22.98	375.33±176.71	248.30±16.03	204.15±25.39	244.35±1.34
	新陆早45号	CK	151.97±7.60	289.90±26.02	254.90±30.21	259.25±0.49	220.85±15.49
		E1	381.60±77.64	209.93±6.67	243.90±35.50	243.05±57.77	304.75±10.25
		T1	222.53±51.70	517.50±25.74	207.60±25.81	248.95±8.41	197.90±31.68
		T10	475.33±197.34	286.53±83.56	307.40±26.02	226.05±16.33	195.20±64.06

注:出苗后第1次灌溉前10 d(T10)、前1 d(T1)及第2次灌溉前1 d(E1)揭除地膜,以全生育期覆膜作为对照(CK)棉花最大电子传递速率(ETR_{max}, $\mu mol·m^{-2}·s^{-1}$)。表内数据为平均值±标准差($n=3$)。

表7－4　花后不同时期不同揭膜处理条件下棉花快速光曲线的初始斜率

年份	品种	处理	开花后天数/d				
			5	15	25	35	45
2017	新陆早42号	CK	0.22±0.01	0.28±0.03	0.30±0.01	0.27±0.04	0.28±0.02
		E1	0.27±0.06	0.30±0.01	0.29±0.01	0.29±0.03	0.28±0.00
		T1	0.25±0.04	0.29±0.02	0.23±0.02	0.31±0.02	0.28±0.01
		T10	0.28±0.01	0.29±0.01	0.28±0.01	0.32±0.03	0.32±0.02
	新陆早45号	CK	0.21±0.03	0.25±0.04	0.29±0.01	0.29±0.03	0.31±0.03
		E1	0.19±0.01	0.30±0.00	0.25±0.03	0.26±0.02	0.27±0.03
		T1	0.12±0.07	0.32±0.00	0.24±0.06	0.30±0.04	0.27±0.06
		T10	0.29±0.02	0.25±0.01	0.26±0.02	0.31±0.02	0.33±0.06
2016	新陆早42号	CK	0.23±0.04	0.25±0.02	0.29±0.01	0.26±0.02	0.29±0.02
		E1	0.26±0.02	0.25±0.01	0.24±0.01	0.23±0.01	0.27±0.05
		T1	0.23±0.03	0.29±0.05	0.28±0.02	0.24±0.02	0.27±0.01
		T10	0.26±0.00	0.28±0.01	0.28±0.02	0.26±0.01	0.29±0.00
	新陆早45号	CK	0.26±0.02	0.26±0.01	0.27±0.01	0.27±0.02	0.29±0.00
		E1	0.30±0.02	0.26±0.01	0.24±0.01	0.27±0.00	0.27±0.00
		T1	0.27±0.07	0.28±0.01	0.27±0.01	0.27±0.01	0.29±0.04
		T10	0.28±0.01	0.27±0.02	0.26±0.01	0.27±0.01	0.30±0.01

注：出苗后第1次灌溉前10 d(T10)，前1 d(T1)及第2次灌溉前1 d(E1)揭除地膜，以全生育期覆膜作为对照(CK)棉花快速光曲线的初始斜率(α, e-lectrons · photons^{-1})。表内数据为平均值±标准差($n=3$)。

表7-5 花后不同时期不同揭膜处理条件下棉花半饱和光强

年份	品种	处理	开花后天数/d				
			5	15	25	35	45
2017	新陆早42号	CK	510.67±65.80	749.80±337.86	1172.50±325.98	829.47±201.06	579.63±166.11
		E1	431.80±100.66	821.00±48.93	943.80±167.16	960.87±401.76	590.20±108.71
		T1	523.00±33.09	1165.75±14.21	1351.35±9.97	711.43±92.12	632.17±36.58
		T10	514.93±45.01	1022.97±208.47	1130.20±44.86	725.07±252.24	493.45±174.58
	新陆早45号	CK	1019.90±319.56	800.50±197.89	885.73±131.50	860.73±293.51	458.63±85
		E1	460.83±64.73	884.40±189.65	1133.30±217.56	1001.27±198.83	619.10±38.70
		T1	1324.60±1356.12	709.20±232.78	1361.77±496.88	867.97±283.80	456.87±302.19
		T10	420.97±22.18	1455.90±364.75	1213.97±118.44	670.40±123.69	489.37±109.52
2016	新陆早42号	CK	612.40±40.79	837.35±109.11	640.80±42.43	993.45±95.81	854.00±627.91
		E1	2326.30±663.48	2164.93±1232.72	1398.40±120.35	1285.87±119.02	977.73±27.21
		T1	653.57±258.24	1352.43±778.42	653.15±116.46	919.95±101.75	786.25±38.68
		T10	1642.95±80.26	1322.40±577.78	902.20±56.03	781.60±58.27	849.45±6.43
	新陆早45号	CK	578.33±32.83	1105.70±44.69	959.50±56.21	966.95±77.29	767.25±48.72
		E1	1281.40±333.75	808.73±38.04	1011.65±86.90	885.55±211.35	1132.15±34.15
		T1	833.80±219.55	1877.15±4.45	774.70±42.35	912.05±8.56	708.40±209.87
		T10	1696.00±615.06	1045.90±257.11	1170.90±39.74	832.25±106.42	656.35±237.38

注：出苗后第1次灌溉前10 d(T10)、前1 d(T1)及第2次灌溉前1 d(E1)揭除地膜，以全生育期覆膜作为对照(CK)棉花半饱和光强(I_k, μmol·m^{-2}·s^{-1})。表内数据为平均值±标准差($n=3$)。

王瑞等(2010)研究表明,全程覆膜在烟株生育后期引起净光合速率和叶绿素含量快速下降,加速了光合功能的衰退。在海拔 1 000 m 处,团棵期揭膜培土措施提高了烤烟总体光合功能,增加光合同化产物。张建军等(2016)研究表明,抽雄期揭膜结合施氮肥更有利于玉米叶片 $SPAD$ 值、光合速率及叶面积指数等生长指标的改善。于永梅等(2006)研究表明,大喇叭口期揭膜最有利于玉米的生长发育,净光合速率较高。杨志晓等(2010)研究表明,烟草生长后期,地膜覆盖方式下烤烟叶片净光合速率严重下降,烟叶水分利用效率降低。王永珍等(2004)研究了地膜覆盖导致番茄早衰的生理机制,地膜覆盖使叶片光合速率和根系活力在采收始期以前提高,在采收盛期以后降低。蔡葆等(1988)研究表明,在甜菜块根糖分增长期雨量多或灌溉栽培地区,覆膜栽培对光合势甚至产生负效应。张剑国等(1995)对地膜覆盖导致早甘蓝早衰生理机制的研究结果表明,地膜覆盖降低结球期外叶光合速率、净同化率。贺润喜等(1999)研究表明,在旱地覆膜栽培条件下,在不同生育期揭除地膜,玉米生理性状和产量都有明显差异,净光合速率、游离脯氨酸含量等生理指标均有相应变化,早衰现象得到缓减。

本研究结果也表明,揭膜处理能增加开花初期和后期的净光合速率(图 7-1)。增加开花后期的气孔导度(图 7-2)。但抗旱性较差的品种在正常年份揭膜会因气孔导度降低而降低开花初期的净光合速率。抗旱性较强的品种以及在降雨较多的年份,覆膜处理在生育后期因为气孔导度降低而导致净光合速率下降(图 7-3)。揭膜处理可以提高开花中后期的蒸腾速率(图 7-4)。

3.2　不同时期揭膜对棉花叶绿素荧光参数的影响

叶绿素荧光与光合作用各反应过程联系紧密,任何环境变化对光合作用的影响都可通过叶绿素荧光参数的相关变化表现出来(陈建明等,2006)。国内外对不同时期揭膜对作物叶绿素荧光参数的影响研究很少,由于揭膜会在生长初期造成不同程度的干旱胁迫(张占琴等,2016),关于干旱对叶绿素荧光参数的影响,国内外学者研究得较多。

相关研究表明,F_v/F_m 可作为作物抗旱性检测的相对指标(张旺锋等,2003;Mishra et al.,2012;Nankishore et al.,2016)。薛惠云等(2013)研究也表明,F_v/F_m 在干旱胁迫时能快速、灵敏地反映棉花叶片的水分状况。解卫海等(2015)研究表明,棉花叶片的 F_v/F_m 和 F_v/F_0 值均在干旱处理 10 d 后开始大幅度下降。唐薇等(2007)研究表明,干旱或盐胁迫引起棉花初始荧光(F_0)上升,最大荧光(F_m)、PSⅡ原初光能转化效率(F_v/F_m)和 PSⅡ潜在活性(F_v/F_0)显著下降。刘瑞显等(2008)研究表明,干旱胁迫下叶绿素初始荧光(F_0)明显升高,最大光化学效率(F_v/F_m)显著降低。Baghbani-Arani 等(2017)研究表明,干旱胁迫下葫芦巴($Trigonella\ foenum$-$graecum$)F_m,F_v,F_v/F_m 值降低,F_0 值升高。Miao 等(2015)研究表明,干旱导致郁金香叶绿素荧光效率(F_v/F_m,F_v/F_0)降低。Boussadia 等(2008)研究表明,干旱导致橄榄树 F_v/F_m,F_v'/F_m',$Y(Ⅱ)$ 降低。赵丽英等(2007)研究表明,干旱胁迫处理引起小麦 PSⅡ反应中心的破坏,但一定程度的干旱对光合作用的影响并不明显。

本研究也发现,揭膜处理在开花前期由于受到一定程度的干旱胁迫,使得 F_v/F_m 和 F_v/F_0 值降低(图 7-8)。2017 年揭膜处理在开花初期 F_v'/F_m' 和 $Y(Ⅱ)$ 值下降(图 7-

10)，在 2017 年，早期揭膜对 PS Ⅱ 反应中心造成一定程度的破坏（F_o 值升高），降低了 QA 的还原能力（F_v 值降低）（图 7-7）。相对于较抗旱的品种或降雨较多的年份，揭膜可以促进 PS Ⅱ 中心的开放，有利于光反应的进行（图 7-9）。

赵丽英等（2007）发现一定程度的干旱有利于提高 PS Ⅱ 反应中心开放部分的比例，将更多的光能用于推动光合电子传递，从而提高光合电子传递能力。Snider 等（2013）研究发现，干旱条件下 ETR 不受影响。Cao 等（2015）发现硅元素（Si）与干旱条件下西红柿高 ETR 有关。Osório 等（2006）研究发现，油桃（*Prunus persica* L. Batsch，var. Silver King）经过水分胁迫诱导后，ETR 大幅提高。而 Deeba 等（2012）则发现干旱条件下棉花 ETR 降低。Gleason 等（2017）发现，当玉米叶水势（leaf water potentials）下降至 -3 MPa 以下时，ETR 下降超过 80%。Ogaya 和 Peñuelas（2003）发现干旱处理使 Quercus ilex 和 Phillyrea latiFolia 这 2 个物种的 ETR 值略有下降。

本研究表明，揭膜在多雨年份可以提高棉花各生育期实际电子传递速率（图 7-14）及最大电子传递速率（表 7-3），尤其在开花初期表明得更明显，而在降雨正常年份，揭膜可以降低开花初期、提高开花中期（花后 15～35 d 这段时间）的 ETR（图 7-14）和 ETR_{max}（表 7-3）。

张旺锋等（2003b）研究表明，F_v/F_m 随生育进程的变化表现为盛花期较低，盛铃前期达最大值，随后逐渐下降。徐建伟等（2017）研究表明，在轻度干旱胁迫下，棉花 F_v/F_m，Y（Ⅱ）和光化学淬灭系数均随胁迫时间延长而呈上升趋势。陈懿等（2016）研究结果表明，揭膜盖草加喷施硅肥可提高上部叶 F_v/F_m，Y（Ⅱ）和光化学淬灭系数（qP）等荧光参数。刘瑞显等（2008）研究表明，干旱胁迫亦增大了非光化学淬灭系数（NPQ）。Boussadia 等（2008）研究表明，干旱情况下橄榄树 NPQ 升高。Massacci 等（2008）研究表明，在良好灌溉和适度干旱下，棉花 F_v'/F_m'，Y（Ⅱ）和 NPQ 增加。Pieters 等（2005）研究表明，干旱条件下水稻非光化学淬灭系数升高而光化学淬灭系数降低。Majláth 等（2016）研究表明，轻度干旱胁迫可以增加有效光化学量子产量（F_v'/F_m'）。

本研究也发现，在开花中期，揭膜处理经过一定的干旱锻炼，F_v/F_m 和 F_v/F_o 值普遍较高（图 7-8）。2016 年开花初期揭膜处理在多雨情况下创造了适度的干旱胁迫，F_v'/F_m' 值较高，2017 年开花初期干旱胁迫较重，揭膜处理 F_v'/F_m' 值较 CK 处理低，经过前期的干旱诱导，开花中后期揭膜处理 F_v'/F_m' 值均较 CK 处理高（图 7-10）。揭膜处理在 2017 年提高中后期（花后 15～45 d）的 Y（Ⅱ）（图 7-10）。在 2017 年，开花初期揭膜处理 NPQ 较 CK 处理高（图 7-11）。揭膜可以提高降雨较多年份以及正常年份抗旱品种开花初期光化学淬灭系数。在开花后期，降雨较多年份揭膜处理降低光化学淬灭系数，在降雨正常的年份则相反（图 7-11）。

4　小结

揭膜对棉花气体交换及荧光参数的影响因品种的抗旱性和气候的不同而异，揭膜能提高棉花开花后期的净光合速率，对于抗旱性较好的品种及雨水较多年份，揭膜亦能提高开花初期的净光合速率。揭膜处理可以提高开花中后期的蒸腾速率。2017 年，水分状况对光合影响更大。而在 2016 年，光合作用则主要取决于光能利用率。

　　揭膜处理降低开花前期、提高开花中期 F_v/F_m。在正常年份（2017 年）会降低开花初期（花后 5 d）、提高开花中后期（花后 15～45 d）的 $Y(\text{II})$；而在多雨年份（2016 年），揭膜则可以提高开花初期（花后 5 d）的 $Y(\text{II})$。开花初期，揭膜处理在正常年份主要通过热散失来进行自我保护，而在降雨多的年份揭膜处理吸收光能主要进行光化学反应（qL 高），热耗散少。早揭膜（T10 处理）提高了开花后期 PS II 的电子传递活性，越是在降雨少的年份这种趋势越明显。在降雨正常年份，棉花叶片吸收的光能进入光化学过程部分大于热耗散，而在多雨年份则相反。吸收光能进入光化学部分正常年份大于多雨年份。在开花初期，揭膜处理的光保护能力在降雨正常年份均比 CK 处理强，在多雨年份则相反。早揭膜处理（T10）在后期（花后 45 d）的光保护能力下降，对植株造成了不同程度的光损伤。揭膜在多雨年份可以提高棉花各生育期 ETR 和 ETR_{max}，尤其在开花初期表明得更明显。而在正常年份，揭膜可以提高开花中期（花后 15～25 d）的 ETR 和 ETR_{max}。揭膜在多雨年份能提高棉花开花中前期的光能利用效率，在正常年份开花中期对光能利用效率稍有不利影响，其余时期均能提高棉花的光能利用率。适期揭膜（雨水偏多年份在第 1 次灌水前揭膜，而在降雨较正常年份，则在第 2 次灌溉前揭除地膜）可以提高植株对强光的耐受能力，尤其是在多雨年份开花初期，这种趋势最明显。在实际生产中可以根据品种的抗旱程度以及降雨情况来确定合适的揭膜时间。

第 8 章　　揭膜条件下棉花叶片保护性酶活性变化

土壤水分、温度、通气性、肥力以及大气温度、光照等外界因素均影响植物的生理活性，棉花揭膜后土壤环境不可避免地受到影响而发生相应的变化，从而影响棉花的生理活性。本书从不同时期揭膜后棉花叶片叶绿素含量的变化，超氧化物歧化酶（SOD）、过氧化氢酶（CAT）和过氧化物酶（POD）等保护性酶活性的变化，以及丙二醛（MDA）和脯氨酸（Pro）等与抗逆性有关的生理活性物质含量的变化入手，旨在探明揭膜对棉花生长影响的生理机制，为揭膜后棉花的高产栽培提供理论支撑。

1　材料与方法

1.1　样品采集与测定

在 2017 年棉花开花后第 5 d,15 d,25 d,35 d,45 d,采集棉花主茎的倒数第 2 片叶测定叶绿素（Chl）及类胡萝卜素（Car）含量。每处理重复测定 3 次。为减少误差，保证测量的一致性，参考占东霞（2014）的方法，每处理共标定约 100 株左右棉花主茎的倒数第 2 片叶。每次均采集同一位置的叶片。

叶绿素含量测定参考张宪政（1986）的方法。采用丙酮：乙醇（1：1）浸提比色法。棉花叶片浸提质量为 0.5 g,丙酮：乙醇（1：1）浸提液体积为 25 mL,密封避光浸提 24 h 后过滤，取滤液测定其在 663 nm、646 nm、470 nm 处的吸光度，以乙醇和丙酮的混合液对照调零，计算叶绿素含量。

计算公式：

$$Chla(mg \cdot g^{-1} 鲜重) = (12.7D_{663} - 2.69D_{646}) \times V/1\,000W \tag{8-1}$$

$$Chlb(mg \cdot g^{-1} 鲜重) = (22.9D_{646} - 4.68D_{663}) \times V/1\,000W \tag{8-2}$$

$$Chl(a+b)(mg \cdot g^{-1} 鲜重) = (20.0D_{646} + 8.02D_{663}) \times V/1\,000W \tag{8-3}$$

$$Car(mg \cdot g^{-1} 鲜重) = (1\,000D_{470} - 3.27Chla - 104Chlb)/229 \times V/1\,000W（张悦等,$$
2012）

式中，Chla,Chlb 分别为叶绿素 a 和 b 的浓度；Chl(a+b) 为总叶绿素的浓度；Car 为类胡萝卜素的总浓度；D_{663},D_{646} 和 D_{470} 分别为叶绿体色素提取液在波长 663 nm,646 nm 和 470 nm 下的光密度；V 为浸提液体积（mL）,W 为叶片浸提质量（g）。$mg \cdot g^{-1}$ 鲜重＝$mg \cdot g^{-1}FW$。

分别在初花期（IFS）、盛花期（FBS）、盛铃期（PBS）、吐絮期（BOS）和收获期（HP）采集同一部位的叶片，参考李合生（2000）的方法测定超氧化物歧化酶（SOD）（氮蓝四唑法）、过氧化物酶（POD）（愈创木酚法）和过氧化氢酶（CAT）等保护性酶活性，以及丙二醛（MDA）（硫代巴比妥酸比色法）和脯氨酸（Pro）含量。各处理叶片重复测定 3 次，测定时取叶片 0.5 g,提取液 4 mL,酶液 15 μL。计算 POD 活性时以每分钟 OD 值变化(升高)0.01 为 1 个酶活性单位(U)。

1.2　数据处理

本研究采用 Microsoft Excel 2010 (Microsoft Corporation) 进行数据录入和整理,并计算平均值和标准差。采用 SigmaPlot 12.5(Systat Software,Inc)做图,利用 Adobe Illustrator CS5(Adobe Systems Incorporated) 对图片进行后期处理,采用 SPSS 23.0 (International Business Machines Corp) 对研究数据进行统计分析,在多因素方差分析时,采用单因素一般线性模型分析不同处理对观测变量的影响,事后多重比较采用 LSD 法,所有检验以 $P < 0.05$ 为差异有统计学意义。

2　结果与分析

2.1　揭膜条件下棉花叶片叶绿素含量变化

如图 8-1 所示,在新陆早 45 号中,除了 E1 处理 Chla 含量在花后 15 d 比 CK 处理低以外,其余揭膜处理在不同时期均比 CK 处理的 Chla 含量要高。而在新陆早 42 号,T10处理在花后 5 d、15 d、45 d Chla 含量高于对照,E1 处理在花后 5 d,15 d Chla 含量高于对照,而 T1 处理则是在花后 15 d,25 d Chla 含量高于对照。新陆早 45 号 Chlb 含量的变化趋势与 Chla 含量类似。而在新陆早 42 号中,揭膜处理可以提高花后 5 d,15 d Chlb 含量。新陆早 45 号总 Chl 含量与 Chla 和 Chlb 的变化趋势一样,新陆早 42 号总 Chl 含量的变化趋势与 Chla 含量变化趋势类似。T10 处理在不同时期均能提高新陆早 42 号Chla/b 值,在新陆早 45 号中,不同时期 Chla/b 值最高的分别为不同的揭膜处理。

多重方差分析结果表明,品种对 Chla 含量影响显著,不同处理及开花时期均对 Chla含量没有显著影响。品种、处理及开花后天数均对 Chlb 和 Chl(a+b)含量及 Chla/b 值无显著影响。不同处理间 Chla,Chlb,Chl(a+b),Chla/b 均无显著差异。

综上,揭膜可以提高新陆早 45 号 Chla、Chlb 以及 Chl(a+b)的含量,而在新陆早 42号中,揭膜主要在开花初期提高了 Chl 的含量。早期揭膜能提高新陆早 42 号 Chla/b。

2.2　揭膜条件下棉花叶片类胡萝卜素含量变化

类胡萝卜素(Car)不仅是捕光色素,还能淬灭对光合膜有潜在破坏作用的单线态氧,保护光合器官的光合作用在逆境下得以顺利进行(Biswal,1995),Car/Chl 值的高低与植物或器官抗逆性的强弱密切相关(卢存福和贲桂英,1995)。如图 8-2 所示,在新陆早 42号中,在花后 35 d,45 d,揭膜处理均能提高 Car/Chl 值,而在花后 15 d,25 d,Car/Chl 值最高的分别为 T10 和 T1 处理。而在新陆早 45 号中,花后 15 d,25 d,35 d,45 d,Car/Chl值最高的分别为 E1,E1,CK 和 T1 处理。多重方差分析结果显示,品种、处理及开花后天数均对 Car/Chl 值无显著影响,各处理间的差异也不显著。

由此可见,揭膜提高了新陆早 42 号生育后期的抗逆性,而新陆早 45 号则在开花前期揭膜处理抗逆性提高。

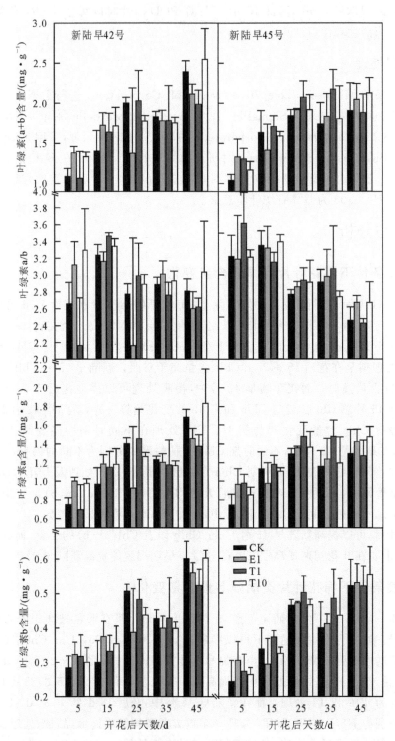

注:CK,全生育期覆膜;T1,出苗后第 1 次灌溉前揭膜;E1,出苗后第 2 次灌溉前揭膜;T10,出苗后第 1 次灌溉前 10 d 揭膜;误差棒代表标准差($n=3$)。

图 8-1 2017 年揭膜条件下棉花叶片叶绿素含量变化

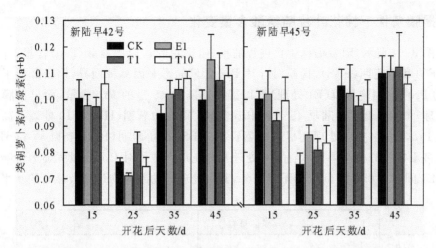

注:CK,全生育期覆膜;T1,出苗后第 1 次灌溉前揭膜;E1,出苗后第 2 次灌溉前揭膜;T10,出苗后第 1 次灌溉前 10 d 揭膜;误差棒代表标准差(n=3)。

图 8-2　2017 年揭膜条件下棉花叶片类胡萝卜素/叶绿素值变化

2.3　揭膜条件下棉花叶片丙二醛含量变化

从图 8-3 中可以看出,在初花期丙二醛(MDA)含量最高,之后 MDA 含量急剧下降,各处理间几乎没有差别。可以推断在初花期,灌水才刚开始,棉花在强光及缺水状态下膜系统受到了损伤,不同品种对揭膜的反应不同,新陆早 42 号在初花期揭膜处理 MDA 含量高于 CK 处理,而新陆早 45 号则相反。

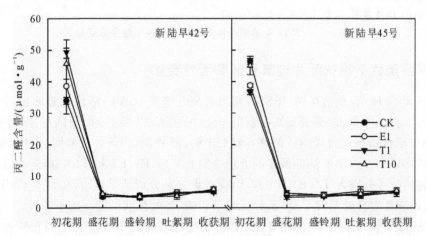

注:CK,全生育期覆膜;T1,出苗后第 1 次灌溉前揭膜;E1,出苗后第 2 次灌溉前揭膜;T10,出苗后第 1 次灌溉前 10 d 揭膜;误差棒代表标准差(n=3)。

图 8-3　2017 年揭膜条件下棉花叶片丙二醛含量变化

多重方差分析结果显示,品种对 MDA 含量影响显著,处理及生育时期对 MDA 含量无显著影响。除了 T1 和 CK 处理间的差异不显著外,其余处理间的差异均达到显著水平。

2.4　揭膜条件下棉花叶片脯氨酸含量变化

如图8-4所示,随着棉株生育进程的推进,棉花叶片内脯氨酸(Pro)含量下降,在初花期(IFS)和盛花期(FBS),揭膜对叶片Pro含量的影响因品种而异,揭膜降低了新陆早42号的Pro含量,晚揭膜(E1处理)可以提高新陆早45号的Pro含量,而早揭膜(T1和T10处理)依然降低了新陆早45号的Pro含量。而在收获期(HP),T10处理提高了2个品种的Pro含量。揭膜处理亦提高了盛铃期(PBS)和吐絮期(BOS)新陆早42号的Pro含量。多重方差分析结果显示,品种、处理及开花后天数均对Pro含量无显著影响。除了CK和E1间、T1和T10间差异不显著外,其余处理间的差异均达到极显著的水平。

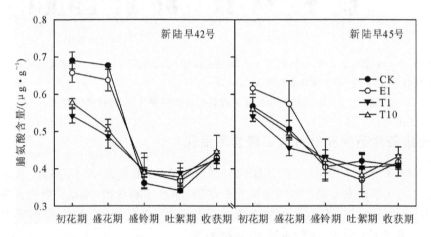

注:CK,全生育期覆膜;T1,出苗后第1次灌溉前揭膜;E1,出苗后第2次灌溉前揭膜;T10,出苗后第1次灌溉前10 d揭膜;误差棒代表标准差($n=3$)。

图8-4　2017年揭膜条件下棉花叶片脯氨酸含量变化

2.5　揭膜条件下棉花叶片过氧化氢酶活性变化

如图8-5所示,在初花期(IFS)揭膜对过氧化氢酶(CAT)活性的影响因品种而异,早揭膜(T1和T10处理)显著提高了新陆早45号的CAT活性,而新陆早42号则是CK处理CAT活性最高。而在随后的盛花期(FBS)、盛铃期(PBS)、吐絮期(BOS)和收获期(HP),新陆早42号CAT活性最高的处理分别为T10,E1,E1和T10,新陆早45号CAT活性最高的处理分别为T1,E1,T1和T1。多重方差分析结果显示,品种对CAT活性影响显著,处理及生育时期对CAT活性无显著影响,各处理间的差异均不显著。

可见,除了新陆早42号的初花期,揭膜处理可以提高不同生育期棉花叶片的CAT活性,揭膜时间的早晚对CAT活性的影响因品种和生育期而异。

2.6　揭膜条件下棉花叶片过氧化物酶活性变化

如图8-6所示,在新陆早42号中,CK和E1处理在吐絮期(BOS)过氧化物酶(POD)活性达到极值,之后下降,T10处理在吐絮期(BOS)达到极值后至收获期(HP)POD活性保持不变,T1处理则是在收获期POD活性达到极值。至收获期,4个处理

POD 活性从高至低依次为 T10,T1,E1 和 CK。由此可见,在新陆早 42 号中,CK 处理的棉花生长速度快,老化时间早,揭膜处理老化速度慢,但老化程度较 CK 处理高,且揭膜时间越早老化程度越高。而新陆早 45 号在吐絮期(BOS)和收获期(HP)POD 活性从高至低依次为 T1,CK,E1 和 T10。新陆早 45 号 T1 处理老化速度快,老化程度高。

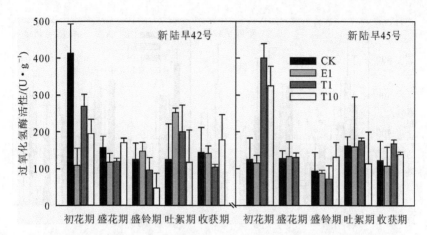

注:CK,全生育期覆膜;T1,出苗后第 1 次灌溉前揭膜;E1,出苗后第 2 次灌溉前揭膜;T10,出苗后第 1 次灌溉前 10 d 揭膜;误差棒代表标准差($n=3$)。

图 8-5　2017 年揭膜条件下棉花叶片过氧化氢酶活性变化

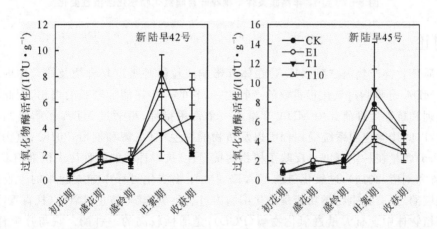

注:CK,全生育期覆膜;T1,出苗后第 1 次灌溉前揭膜;E1,出苗后第 2 次灌溉前揭膜;T10,出苗后第 1 次灌溉前 10 d 揭膜;误差棒代表标准差($n=3$)。

图 8-6　2017 年揭膜条件下棉花叶片过氧化物酶活性变化

多重方差分析结果显示,品种、处理及开花后天数均对 POD 活性无显著影响,只有 E1 和 CK 处理间的差异达到显著水平。

2.7　揭膜条件下棉花叶片超氧化物歧化酶活性变化

如图 8-7 所示,新陆早 42 号在初花期(IFS)和收获期(HP)超氧化物歧化酶(SOD)活性最高的处理均为 E1 处理。盛花期(FBS)、盛铃期(PBS)和吐絮期(BOS)均是 CK 处理 SOD 活性最高。而新陆早 45 号则是在吐絮期（BOS）和收获期（HP）T1 处理 SOD 活性最高，初花期（IFS）、盛花期（FBS）和盛铃期（PBS）则是 CK 处理 SOD 活性最高。多重方差分析结果显示，品种、处理及开花后天数均对 SOD 活性无显著影响，各处理间的差异也不显著。由此可见，揭膜处理主要在生育后期提高了叶片中的 SOD 活性。

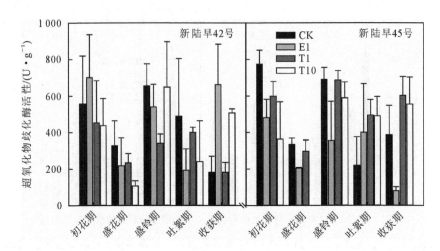

注：CK，全生育期覆膜；T1，出苗后第 1 次灌溉前揭膜；E1，出苗后第 2 次灌溉前揭膜；T10，出苗后第 1 次灌溉前 10 d 揭膜；误差棒代表标准差（$n=3$）。

图 8—7　2017 年揭膜条件下棉花叶片超氧化物歧化酶活性变化

3　讨论

脂质氧化终产物丙二醛（MDA）在体外影响线粒体呼吸链复合物及线粒体内关键酶活性。MDA 是膜脂过氧化最重要的产物之一，它的产生还能加剧膜的损伤，因此在植物衰老生理和抗性生理研究中 MDA 含量是一个常用指标，可通过 MDA 了解膜脂过氧化的程度，以间接测定膜系统受损程度以及植物的抗逆性（王涛和刘珩，2016）；植物体内脯氨酸（Pro）含量在一定程度上反映了植物的抗逆性，抗旱性强的品种往往积累较多的脯氨酸（王涛和刘珩，2016）；过氧化氢酶（CAT）是在生物演化过程中建立起来的生物防御系统的关键酶之一，其生物学功能是催化细胞内过氧化氢分解，防止过氧化（杜青青和陈岭，2014）；植物体中含有大量过氧化物酶（POD），是活性较高的一种酶。它与呼吸作用、光合作用及生长素的氧化等都有关系。在植物生长发育过程中它的活性不断发生变化。一般老化组织中活性较高，幼嫩组织中活性较弱。这是因为过氧化物酶能使组织中所含的某些碳水化合物转化成木质素，增加木质化程度，而且发现早衰减产的水稻根系中过氧化物酶的活性增加，所以过氧化物酶可作为组织老化的一种生理指标（杜青青和陈岭，2014）；超氧化物歧化酶（SOD）是一种源于生命体的活性物质，能消除生物体在新陈代谢过程中产生的有害物质。

植物的生理活性受土壤环境的影响较大，不同栽培措施通过影响土壤水肥气热状况而影响植物的生理活性（鱼欢，2009）。覆膜与否对叶片生理活性的影响，不同学者研究的较多：李倩等（2010）研究表明，行上覆膜及加施保水剂处理的丙二醛含量较高。王庆美

(2007)研究发现,覆膜栽培可显著提高叶片的生理活性。覆膜栽培下,生长发育前、中期叶片 SOD、CAT、POD 活性均显著高于对照,MDA 积累量显著降低。谷晓博(2016)研究表明,3 a 连垄覆膜处理冬油菜的丙二醛和脯氨酸含量均最小。桑丹丹(2009)比较了行间覆膜、行上覆膜及不覆膜 3 种处理对超高产春玉米花粒期不同层位叶片的保护酶活性的影响,结果表明,在玉米花粒期,行间覆膜处理可以提高玉米上位叶及穗位叶的净光合速率、POD 活性、CAT 活性及 SOD 活性。

但是,在生育前期覆膜、后期揭膜条件下,叶片生理活性如何变化,研究的相对较少。马京民等(2006)研究表明,在烤烟旺长期揭膜培土后垄上覆盖稻草,叶片叶绿素含量、硝酸还原酶(NR)活性和过氧化物酶(POD)活性略高,而丙二醛(MDA)含量略低。张燕等(2004)研究表明,揭膜中耕可增加烟株叶绿素含量。贺国强(2008)研究表明,不揭膜的烤烟叶片的叶绿素含量偏低。蒋耿民(2013)研究表明,抽雄期揭膜降低了玉米叶片丙二醛含量。本研究结果与上述结果类似,揭膜提高了开花初期的叶绿素含量(图 8-1);揭膜对 MDA 含量的影响因品种而异,新陆早 42 号在初花期揭膜处理 MDA 含量高于 CK 处理,而新陆早 45 号则相反(图 8-3);不同揭膜处理均能提高收获期新陆早 42 号的 POD 活性,而新陆早 45 号则只有 T1 处理条件下 POD 活性高于 CK 处理(图 8-6)。

4　小结

揭膜可以提高开花初期 Chl 的含量,也能提高其余时期新陆早 45 号的 Chl 含量,提高了新陆早 42 号生育后期的抗逆性,而新陆早 45 号则在开花前期揭膜处理条件下抗逆性提高。品种特性对 MDA 含量影响显著,揭膜使初花期新陆早 42 号膜系受到损伤,而新陆早 45 号则相反。在收获期,T10 处理提高了 2 个品种的抗旱性(Pro 含量高)。除了新陆早 42 号初花期,揭膜处理可以提高不同生育期棉花叶片抗氧化水平。在新陆早 42 号中,CK 处理的棉花生长速度快,老化时间早,揭膜处理老化速度慢,但老化程度较 CK 处理高,且揭膜时间越早老化程度越高。新陆早 45 号 T1 处理老化速度快,老化程度高。揭膜处理主要在生育后期提高了叶片中的 SOD 活性。

第9章 不同时期揭膜对棉花群体生理参数的影响

地膜覆盖主要在生育前期起到了增加地温,促进植物生育进程的作用(Farrell and Gilliland,2011;Braunacl et al.,2015;O'Loughlin et al.,2015;Wang et al.,2016)。随着气温增高,温度已经不再是限制作物生长的主要因素。有学者(Wang et al.,2009;Kwabiah,2005;Li et al.,2014;蒋文昊,2011)研究指出,长时间覆盖地膜会使作物生育后期土壤温度过高,土壤通透性差,阻碍作物根系呼吸,造成作物出现不同程度的早衰现象,直接影响产量和品质。相关学者(赵玺,2015;蒋耿民等,2013;银敏华等,2014;Buat et al.,2013;Jiang et al.,2012;王秀康等,2015;Wang et al.,2009)研究了揭膜后对作物干物质积累、水分利用效率、产量等的影响,涉及的作物包括玉米、小麦、马铃薯等。相关学者(孔星隆,1992;汤建,2014;张俊业,1986;牛生和等,2007,朱继杰等,2013)研究了揭膜后对棉花生长的影响,但是揭膜的时间跨度较小,研究的内容还不够系统。本研究选择三个不同的揭膜时期,通过3年的试验,系统研究了不同时期揭膜对棉花冠层结构、光能利用、干物质积累与分配等群体生理参数,以及产量和品质的影响。以期明确揭膜条件下棉花的生长发育规律,为在减少残膜污染的同时,促进棉花的高效优质生产提供理论支撑。

1 材料与方法

1.1 样品采集与测定

分别于出苗后 33 d(2017 年)、21 d(2016 年)和 35 d(2015 年)开始每隔 14 d 取 1 次植株样,每小区取 9 株植株,每次取样时将耕层内(0～30 cm)棉花根系一并取回。在本次取样时选择长势一致的植株作为下次取样的样株并做好标记。植株样品取回后在烘箱中 105℃杀青 30 min,之后 80℃烘干 8～10 h 至恒重并称重,由此计算干物质积累量,每处理 3 次重复。

取植株样的同时,利用 LAI-2200C 植物冠层分析仪(LI-COR,USA),参照 Malone 等(2002)的方法,测定棉花的叶面积指数(LAI),并由此计算光合势(LAD)和净同化率(NAR)。LAD 和 NAR 计算方法参考崔良基等(2011)的方法。

自初花后第 5 天开始,用 LI-250A 光量子照度计(LI-COR,USA),每隔 10 d 测定一次冠层的光截获率(LIR),参照 Malone 等(2002)的方法,在 11:00～14:00 测定植株顶部以上 30 cm 处自然光光强 I_o、植株反射的光强 I_n 以及入射到地面的光强 I,每小区重复 3 次,每处理重复 9 次。反射率(LRR)=I_n/I_o,漏射率(LLR)=I/I_o,总光截获率 LIR=$1-LRR-LLR$。

收获前在每小区 6 行棉花各连续调查 10 株成铃数,之后收取下部铃(1～3 果枝)、中部铃(4～6果枝)和上部铃(7台及以上)各30个,带回实验室测定铃重和衣分。每小区按实收产量计产。全部吐絮铃轧花后,纤维用HVI900(Uster,Knoxville,TN,USA)进行品质测定。

1.2 数据处理

运用Microsoft Excel 2010软件对数据进行处理,做图采用SigmaPlot 12.5软件,利用DPS16.05软件(Tang and Zhang,2013)进行方差分析,其中多重比较采用LSD法。干物质积累方程的模拟采用DPS16.05软件(Tang and Zhang,2013)和麦夸特(Marquardt)法。

2 结果与分析

2.1 不同时期揭膜对棉花叶面积指数的影响

由图9-1可以看出,各处理叶面积指数(LAI)均呈单峰曲线变化,在生长初期,叶面积相对增长速率最快,几乎为直线增长,达到最高值之后叶面积增长缓慢,甚至呈下降趋势。在3年间的不同时期,基本上是CK处理叶面积指数最高。除了2017年新陆早45号E1处理LAI最高值(4.40)为最大外,其余LAI最高值均为CK处理最大,分别为4.75(2017年新陆早42)、6.42(2016年新陆早45)、5.93(2016年新陆早42)和4.60(2015年新陆早42),这对于CK处理保持更多的叶面积,积累更多的干物质是有利的。

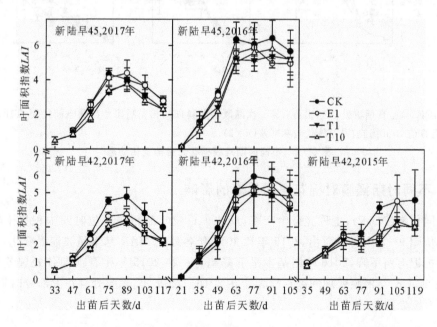

注:CK,全生育期覆膜;T1,出苗后第1次灌溉前揭膜;E1,出苗后第2次灌溉前揭膜;T10,出苗后第1次灌溉前10 d揭膜;误差棒代表标准差(n=3)。

图9-1 不同时期揭膜棉花叶面积指数变化动态

2.2　不同时期揭膜对棉花光合势的影响

光合势(LAD)又称叶面积的持续时间,是衡量叶片光合面积积累的尺度,是表示群体光合性能的重要参数,其值的大小可反映"源"供应量的多少。LAD高是获得高生物产量和籽实产量的前提,尤其是花后LAD反映了群体在开花到成熟期间截获光能的能力大小,对干物质积累和产量的形成影响更大(吕丽华等,2008)。LAD的变化趋势与LAI基本一致,除了2017年新陆早45号E1处理(最高值为60.62×10^4 $m^2 \cdot d \cdot hm^{-2}$)在后期比CK处理略高外,3年间均是CK处理$LAD$最高,最高值分别为$64.25\times10^4$ $m^2 \cdot d^{-1} \cdot hm^{-2}$(2017年新陆早42)、$106.02\times10^4$ $m^2 \cdot d^{-1} \cdot hm^{-2}$(2016年新陆早45)、$99.48\times10^4$ $m^2 \cdot d^{-1} \cdot hm^{-2}$(2016年新陆早42)和$68.29\times10^4$ $m^2 \cdot d^{-1} \cdot hm^{-2}$(2015年新陆早42)(图9—2)。

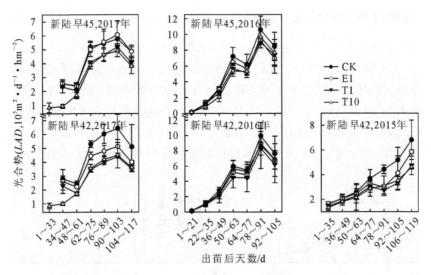

注:CK,全生育期覆膜;T1,出苗后第1次灌溉前揭膜;E1,出苗后第2次灌溉前揭膜;T10,出苗后第1次灌溉前10 d揭膜;误差棒代表标准差($n=3$)。

图9—2　不同时期揭膜棉花光合势变化动态

2.3　不同时期揭膜对棉花净同化率的影响

净同化率(NAR),也称光合生产率,反映了单位叶面积在单位时间内积累干物质的能力。从图9—3中可以看出,2015年和2017年各处理NAR基本呈波浪形变化,且随着生育期推迟有所下降,2016年则基本呈下降趋势。在2015年生育前期各处理差别不太大,在后期CK与揭膜处理间差距较大。在2016—2017年,揭膜处理在大部分时期NAR都高于CK处理。

2.4　不同时期揭膜对棉花冠层结构的影响

平均叶倾角(mean tilt angle,MTA)这一数值回答了"叶片倾斜如何"。如果所有叶片都是水平的,那么MTA就是$0°$;若都是垂直的,则为$90°$。一般MTA处于$30°$(水平叶

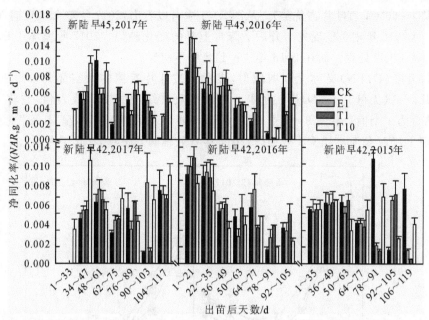

注:CK,全生育期覆膜;T1,出苗后第 1 次灌溉前揭膜;E1,出苗后第 2 次灌溉前揭膜;T10,出苗后第 1 次灌溉前 10 d 揭膜;误差棒代表标准差(n=3)。

图 9-3　不同时期揭膜棉花净同化率变化动态

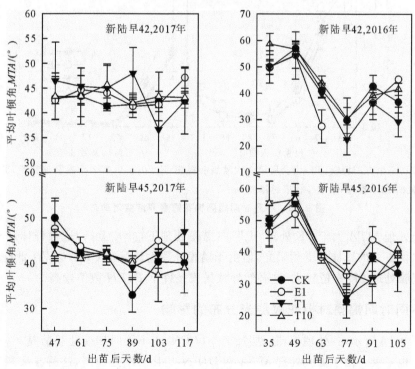

注:CK,全生育期覆膜;T1,出苗后第 1 次灌溉前揭膜;E1,出苗后第 2 次灌溉前揭膜;T10,出苗后第 1 次灌溉前 10 d 揭膜;误差棒代表标准差(n=3)。

图 9-4　不同时期揭膜棉花平均叶倾角变化动态

片占优势)~60°(垂直叶片占优势)。从图9-4中可以看出,2017年整个生育期MTA变化不大,而2016年则是呈现先上升后下降再上升的变化趋势。2017年基本上揭膜处理MTA均高于CK处理。而在2016年这种趋势则不明显。

　　冠层开度($DIFN$)又称无截取散射,表示未被叶片遮挡的天空部分。此值范围在0(全叶片)~1(无叶片)。$DIFN$大体可看做是冠层结构的1个代表值,它将LAI和MTA结合为1个值。从图9-5中可以看出,不同处理$DIFN$基本呈"L形"变化趋势,揭膜处理$DIFN$值基本比CK处理高,2017年各处理间差距较2016年大。

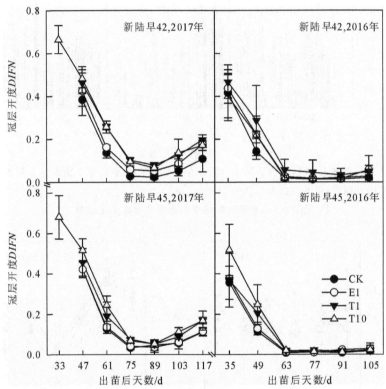

注:CK,全生育期覆膜;T1,出苗后第1次灌溉前揭膜;E1,出苗后第2次灌溉前揭膜;T10,出苗后第1次灌溉前10 d揭膜;误差棒代表标准差($n=3$)。

图9-5　不同时期揭膜棉花冠层开度变化动态

　　揭膜处理MTA大于CK处理,说明在揭膜处理下,叶片上扬,这种群体结构在密度高时可以使更多的植株接受到阳光,但由于揭膜处理生长量较CK少,LAI低(图9-1),再加上揭膜处理MTA值较大,这必然导致揭膜条件下$DIFN$数值较高。

2.5　不同时期揭膜对棉花冠层光分布的影响

　　如图9-6所示,各处理棉花冠层反射率(LRR)在不同时期变化趋势基本一致,各处理间差距也不大。由于揭膜处理MTA和$DIFN$均比CK处理高,这就导致漏射到冠层底部的光线较多,从而导致漏射率(LLR)较CK高,而总光截获率(LIR)较CK低(图9-6)。新陆早42号LIR最低的是T1处理,而新陆早45号LIR最低的则是T10处理。

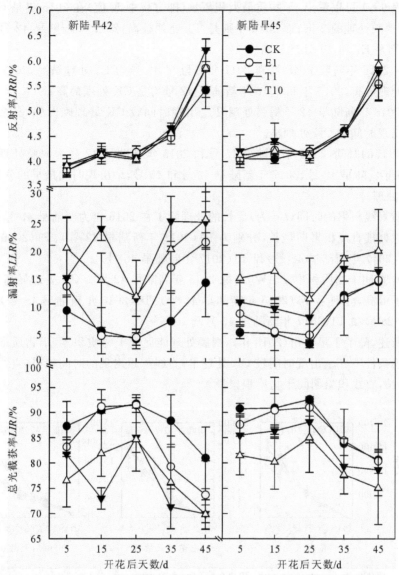

注:CK,全生育期覆膜;T1,出苗后第 1 次灌溉前揭膜;E1,出苗后第 2 次灌溉前揭膜;T10,出苗后第 1 次灌溉前 10 d 揭膜;误差棒代表标准差(n=3)。

图 9-6　不同时期揭膜棉花冠层反射率、漏射率、总光截获率变化动态(2017 年)

2.6　不同时期揭膜对棉花干物质积累的影响

各处理群体总干物质积累(图 9-7)动态基本呈 S 形曲线变化,干物质的积累随着生育进程的推进而增加,但不同阶段的积累速度不同。不同处理干物质积累规律可用 Logistic 方程 $Y=K/[1+\exp(a+bt)]$ 来拟合,a,b,K 待定系数见表 9-1,干物质积累速率达到最大值的时间 $T_{\max}$,此时积累速率最大值 $R_{\max}$,干物质重 W_m,直线积累的开始时间 t_1 和结束时间 t_2,以及 t_1 和 t_2 期间干物质积累量 $\Delta W_{t_2-t_1}$ 的计算参考明道绪(2006)的方法。

　　通过表9-1可以看出,干物质最大积累量(即方程中 K 值)在2015年是CK处理最高,几乎为揭膜处理的2倍;而2016年则是T1处理最高,2017年新陆早42号和新陆早45号则分别是E1和T1处理最高。

　　R_{max} 在2016年新陆早45号和2017年新陆早42号为E1处理最高,2017年新陆早42号T1处理最高,2015年和2016年新陆早42号均是CK处理最高。

　　除了2016年新陆早42号揭膜处理 T_{max} 出现时间较CK处理晚以外,其余均是揭膜处理 T_{max} 出现时间较CK处理早。

　　而 t_1 出现的时间,2016年新陆早45号和2015年新陆早42号为揭膜处理出现的时间早;2016年新陆早42号、2017年新陆早42号和45号,t_1 出现时间最早的分别是T10、T1和CK处理。

　　干物质直线积累的时间 (t_2-t_1) 最长的处理除了在2016年为新陆早45号CK外,其余均是揭除处理直线积累期最长,分别为E1(2015年新陆早42号)、T1(2016年新陆早42号)、E1(2017年新陆早42号)和T1(2017年新陆早45号)。

　　t_1 和 t_2 期间干物质积累量 $\Delta W_{t_2-t_1}$ 除2015年新陆早42号为CK处理最高外,其余均为揭膜处理最高,分别为T1(2016年新陆早42号)、T1(2016年新陆早45号)、E1(2017年新陆早42号)和T1(2017年新陆早45号)。

　　综上所述,除了干旱年份(2015年),揭膜处理能促进干物质积累,干物质最大积累量最高。揭膜条件下 T_{max} 出现时间较CK处理早,直线积累出现的时间较早,直线积累的时间 (t_2-t_1) 长,直线积累期间干物质积累量大。

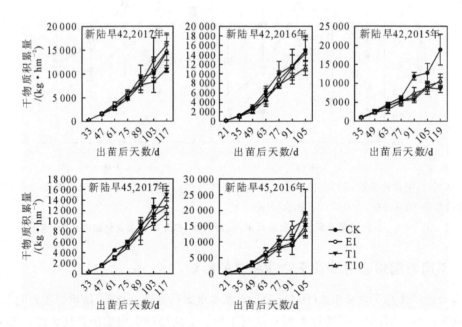

　　注:CK,全生育期覆膜;T1,出苗后第1次灌溉前揭膜;E1,出苗后第2次灌溉前揭膜;T10,出苗后第1次灌溉前10 d揭膜;误差棒代表标准差($n=3$)。

图9-7　不同时期揭膜棉花干物质积累动态

表 9-1　不同揭膜处理棉花干物质积累 Logistic 方程参数

品种/年份	处理	K	a	b	相关系数	T_{max} /d	R_{max} /(kg·hm⁻²·d⁻¹)	W_m /(kg·hm⁻²·d⁻¹)	t_1 /d	t_2 /d	$\Delta W_{t_2-t_1}$ /(kg·hm⁻²·d⁻¹)
新陆早 42 号,2015	CK	28 448.19	4.518 3	-0.044 0	0.981 3**	103	313.14	14 224.10	73	133	8 207.30
	E1	13 546.26	3.629 2	-0.041 6	0.978 0**	87	140.86	6 773.13	56	119	3 908.10
	T1	9 803.42	3.729 3	-0.050 5	0.956 6**	74	123.86	4 901.71	48	100	2 828.29
	T10	13 098.11	4.136 9	-0.047 8	0.995 5**	87	156.55	6 549.06	59	114	3 778.81
新陆早 42 号,2016	CK	15 233.50	4.897 9	-0.073 2	0.986 6**	67	278.86	7 616.75	49	85	4 394.86
	E1	15 730.68	4.995 3	-0.068 6	0.988 9**	73	269.84	7 865.34	54	92	4 538.30
	T1	18 790.06	4.467 8	-0.055 4	0.995 3**	81	260.43	9 395.03	57	104	5 420.93
	T10	11 573.49	5.235 5	-0.078 6	0.993 3**	67	227.49	5 786.75	50	83	3 338.95
新陆早 45 号,2016	CK	26 514.86	3.934 7	-0.039 6	0.946 7**	99	262.48	13 257.43	66	133	7 649.54
	E1	19 615.03	4.717 6	-0.063 5	0.996 9**	74	311.55	9 807.51	54	95	5 658.93
	T1	30 025.95	4.292 9	-0.046 0	0.961 2**	93	345.06	15 012.98	65	122	8 662.49
	T10	15 532.38	4.528 3	-0.059 7	0.979 4**	76	231.63	7 766.19	54	98	4 481.09
新陆早 42 号,2017	CK	19 068.20	4.333 8	-0.045 7	0.972 8**	95	217.82	9 534.10	66	124	5 501.17
	E1	24 279.73	4.509 0	-0.044 3	0.994 3**	102	268.67	12 139.86	72	132	7 004.70
	T1	12 510.99	4.329 4	-0.051 6	0.979 0**	84	161.48	6 255.49	58	109	3 609.42
	T10	20 762.82	4.720 9	-0.047 6	0.996 4**	99	247.01	10 381.41	72	127	5 990.07
新陆早 45 号,2017	CK	14 775.97	4.593 2	-0.057 2	0.971 9**	80	211.11	7 387.99	57	103	4 262.87
	E1	14 817.38	4.692 0	-0.055 1	0.996 9**	85	204.16	7 408.69	61	109	4 274.82
	T1	18 182.35	4.675 2	-0.052 0	0.991 5**	90	236.46	9 091.17	65	115	5 245.61
	T10	12 452.72	4.812 2	-0.059 2	0.994 0**	81	184.18	6 226.36	59	104	3 592.61

注:1. CK,全生育期覆膜;E1,出苗后第 1 次灌溉前第 2 次灌溉前揭膜;T1,出苗后第 1 次灌溉前揭膜;T10,出苗前 10 d 揭膜。

2. a,b,K 为方程待定系数,干物质积累速率达到最大值的时间为 T_{max},此时积累速率最大为 R_{max},干物质积累速率最大时的养分积累量为 W_m,直线积累阶段的开始时间 t_1 和结束时间 t_2,t_2、t_1 期间干物质积累量 $\Delta W_{t_2-t_1}$。

3. * 代表回归方程统计检验达显著水平($P<0.05$)。** 代表回归方程统计检验达极显著水平($P<0.01$)。

2.7　不同时期揭膜对成熟期棉花不同器官干物质积累与分配的影响

同化产物在各器官间的分配比例因品种或栽培条件而异(董钻等,1979),成熟期干物质在不同器官间的分配反映了植株干物质有效性的高低(曹卫星等,2005;王荣栋等,2002),如表9-2所示,不同处理各器官干物质积累量大小顺序为花铃＞茎秆＞叶片＞根。2015年CK处理不同器官干物质积累量均比揭膜处理高,尤其是花铃的干物质积累量是揭膜处理的2～3倍。而2016年新陆早42号CK处理仅茎秆和叶片干物质积累量高于揭膜处理,根积累量E1处理最高,花铃积累量T1处理最高,T10处理各器官干物质积累量均为最低。2016年新陆早45号CK处理茎秆积累量最高,根、叶片、花铃T1处理积累量最高,根、茎秆、叶片积累量最低的为T10处理,而花铃积累量最低的为CK处理。2017年新陆早42号根、茎秆、花铃积累量均是EI处理最高,叶片则是T10处理最高。2017年则是T1处理各器官干物质积累量最高。

从干物质在各器官中的分配来看,2015年新陆早42号,根、茎秆、叶片等营养器官分配率最高的为T1处理,花铃分配率最高的为CK处理;2016年新陆早42号,根和叶片T10处理分配率最高,茎秆CK处理分配率最高,花铃T1处理分配率最高;2016年新陆早45号,茎秆和叶片均是CK处理分配率最高,根和花铃分配率最高的则分别是E1和T1处理;2017年新陆早42号,茎秆和叶片均是CK处理分配率最高,根和花铃分配率最高均是T1处理;2017年新陆早45号,根系分配率最高的为CK处理,茎秆和叶片分配率最高的为E1处理,花铃分配率最高的为T1处理。

由此可见,在干旱年份(2015年),揭膜减少了干物质的积累,而在雨水偏多(2016年)及降雨正常的年份(2017年),适期揭膜创造了适度干旱胁迫条件,促进了棉花各器官干物质的积累。揭膜在降雨正常年份(2017年)可以促进干物质往生殖器官分配。在大多数情况下,揭膜处理中根系干物质积累大于CK处理。

2.8　不同时期揭膜对棉花产量及品质的影响

从表9-3中可以看出,不同时期揭膜对产量的影响与干物质积累的规律类似,从籽棉产量来看,2015年和2016年新陆早42号CK处理产量最高[分别为(4 111.29±1 435.25)kg·hm^{-2}和(4 166.88±637.58)kg·hm^{-2}],2016年新陆早45号则是T1处理产量最高(4 235.72±490.04)kg·hm^{-2},2017年新陆早42号和45号均是E1处理产量最高分别为(5 394.02±614.57)kg·hm^{-2}和(5 575.64±784.45)kg·hm^{-2}。

皮棉产量2015年新陆早42号CK处理最高(1 914.23±734.23)kg·hm^{-2},2016年新陆早45号则是T1处理产量最高(1 609.83±206.19)kg·hm^{-2},2016年新陆早42号、2017年新陆早42号和45号均是E1处理产量最高分别为(1 631.69±293.12)kg·hm^{-2}、(2 257.29±248.48)kg·hm^{-2}和(2 243.54±389.42)kg·hm^{-2}。

除了2017年新陆早42号E1与T10处理间皮棉产量差异显著外,各处理间皮棉产量及籽棉产量差异均不显著。

2015年新陆早42号T1处理衣分最高,2016—2017年新陆早42号E1处理衣分最高,新陆早45号衣分最高的处理分别为T10(2016)和T1(2017)。除了2017年新陆早42号

表 9-2 成熟期干物质在不同器官中的积累与分配

品种/年份	处理	根		茎秆		叶片		花铃	
		积累量/(kg·hm⁻²)	分配率/%	积累量/(kg·hm⁻²)	分配率/%	积累量/(kg·hm⁻²)	分配率/%	积累量/(kg·hm⁻²)	分配率/%
新陆早 42 号,2015	CK	1 819.86±655.23a	9.50±2.59b	3 200.86±1 000.16a	16.78±3.58c	3 239.02±234.60a	16.79±4.47a	10 652.05±2 378.47a	56.93±10.55a
	E1	1 482.94±234.14a	14.24±0.84a	2 381.15±242.42ab	22.97±0.46ab	2 287.78±46.69a	22.23±2.47a	4 226.49±679.46b	40.57±2.12ab
	T1	1 349.24±162.02a	15.81±0.89a	2 159.61±192.68ab	25.35±0.69a	2 080.86±331.20a	24.60±4.70a	2 943.04±747.32b	34.23±5.48b
	T10	1 272.55±209.06a	12.16±3.10ab	1 967.09±202.28b	18.66±3.29bc	2 108.74±69.33a	20.10±3.99a	5 378.08±1 927.66b	49.09±10.08ab
新陆早 42 号 2016	CK	1 261.84±121.59a	8.50±0.80a	4 449.49±730.17a	29.83±3.26a	2 659.09±605.23a	17.65±1.59a	6 583.67±1 029.73a	44.01±1.70a
	E1	1 321.91±118.27a	9.54±1.61a	3 556.37±721.35ab	25.41±4.6b	2 470.13±359.24a	17.81±3.65a	6 910.85±723.89a	47.24±9.25a
	T1	1 273.81±276.27a	8.49±0.58a	3 614.76±531.55ab	24.35±2.18b	2 560.82±469.77a	17.16±1.30a	7 553.43±2 036.32a	50.01±3.80a
	T10	1 225.65±18.39a	11.01±1.51a	3 014.52±314.21b	27.25±5.98ab	2 130.10±135.48a	19.01±1.35a	4 909.76±1 701.86a	42.74±8.67a
新陆早 45 号 2016	CK	1 168.42±264.96a	7.68±0.10a	4 929.35±601.47a	33.33±6.67a	2 707.32±607.65a	18.20±4.08a	6 393.24±2 727.19a	40.79±10.43a
	E1	1 442.41±327.51a	8.42±0.91a	4 478.59±428.55a	26.39±0.75b	2 737.82±324.68a	16.12±0.94a	8 347.82±1 063.73a	49.07±0.72a
	T1	1 545.82±458.55a	8.13±0.67a	4 766.22±1 565.45a	24.89±1.14b	3 300.02±1 127.87a	17.21±0.84a	9 747.77±4 140.94a	49.77±2.32a
	T10	1 091.33±33.20a	8.18±1.44a	3 595.67±858.14a	26.32±2.99b	2 449.39±491.48a	18.03±1.97a	6 475.63±1 408.40a	47.47±5.13a
新陆早 42 号 2017	CK	892.38±329.40b	6.05±0.85b	3 083.50±703.95a	21.40±1.63a	2 045.81±275.65ab	14.57±3.02a	8 555.43±853.71a	57.97±4.00a
	E1	1 323.83±155.95a	8.19±0.21a	3 108.96±283.23a	19.33±1.96ab	1 985.57±432.28ab	12.25±1.96a	9 768.38±1 558.42a	60.24±3.67a
	T1	915.62±45.36ab	8.33±0.73a	1 750.77±519.41b	15.74±3.97c	1 055.96±421.35b	9.49±3.34a	7 298.11±70.49a	66.43±4.93a
	T10	1 048.38±147.73ab	7.08±0.83ab	2 527.79±662.57ab	16.87±3.21bc	2 703.20±813.23a	18.84±8.24a	8 591.66±2 060.01a	57.22±6.41a
新陆早 45 号 2017	CK	1 057.03±10.79ab	8.83±2.54a	2 331.02±1 096.44a	17.76±4.55a	1 615.02±478.63a	12.75±0.53a	7 701.73±2 377.78a	60.66±2.66a
	E1	958.91±145.72b	7.55±0.60a	2 526.64±446.28a	19.87±2.31a	1 803.18±349.34a	14.19±1.81a	7 374.05±320.47a	58.39±2.66a
	T1	1 218.41±120.59a	8.07±0.52a	2 642.20±350.06a	17.49±1.78a	1 866.69±505.73a	12.45±3.68a	9 354.28±826.91a	61.99±3.97a
	T10	848.60±96.36b	7.49±0.92a	2 097.04±325.10a	18.76±4.98a	1 369.29±344.36a	12.27±4.14a	7 062.14±1 671.44a	61.48±9.21a

注：1.CK，全生育期覆膜；T1，出苗后第 1 次灌溉前揭膜；E1，出苗后第 2 次灌溉前揭膜；T10，出苗后第 1 次灌溉前 10 d 揭膜。

2. 表内数值为平均值±标准差（n=3），小写字母表示达到 0.05 的显著著水平（LSD），同一列内同一年份相同处理后字母相同与同一列同一年份不同处理后字母不同代表在各自水平上差异显著与否。

表9-3 不同揭膜处理下棉花产量性状

品种/年份	处理	收获株数/(万株·hm⁻²)	单株铃数	单铃重/g	籽棉产量/(kg·hm⁻²)	衣分/%	皮棉产量/(kg·hm⁻²)
新陆早42,2015	CK	20.87±1.13a	5.54±1.55a	5.17±0.17a	4 111.29±1 435.25a	41.81±3.71a	1 914.23±734.23a
	E1	19.61±0.92a	5.00±1.36ab	5.00±0.48a	3 327.7±1 020.10a	41.25±2.80a	1 558.63±239.84a
	T1	18.79±1.57a	4.92±0.89ab	5.30±0.37a	3 604.31±1 341.82a	43.17±0.75a	1 715.35±582.44a
	T10	19.67±1.55a	4.68±0.96b	4.97±0.39a	3 396.91±1 075.02a	42.54±0.66a	1 539.82±528.93a
新陆早42,2016	CK	12.14±2.74a	6.76±0.24a	5.93±0.15a	4 166.88±637.58a	38.00±0.67a	1 585.55±265.56a
	E1	12.20±1.09a	7.24±0.40a	6.03±0.08a	4 134.26±756.42a	39.51±1.46a	1 631.69±293.12a
	T1	12.50±0.61a	7.38±1.24a	5.87±0.28a	4 119.77±297.89a	38.46±1.30a	1 586.81±163.05a
	T10	11.13±1.13a	7.05±1.48a	5.98±0.38a	4 119.77±538.26a	39.02±0.87a	1 609.93±236.60a
新陆早45,2016	CK	11.44±4.30a	8.13±1.47a	6.35±0.33a	4 112.52±310.58a	37.88±0.62a	1 558.84±141.97a
	E1	14.03±1.60a	7.82±2.25a	5.98±0.14a	3 848.02±405.70a	38.56±0.38a	1 484.72±171.66a
	T1	14.22±0.53a	6.43±0.49a	6.13±0.47a	4 235.72±490.04a	37.97±0.51a	1 609.83±206.19a
	T10	11.42±3.26a	7.45±1.32a	6.21±0.41a	4 156.00±550.67a	38.58±0.68a	1 602.97±208.30a
新陆早42,2017	CK	14.23±1.03a	8.83±1.65a	4.77±0.19a	5 067.56±510.85a	39.77±1.53b	2 014.12±200.67ab
	E1	14.86±0.71a	9.43±1.59a	5.04±0.36a	5 394.02±614.57a	41.86±0.44a	2 257.29±248.48a
	T1	13.74±1.19a	8.40±0.79a	4.98±0.30a	4 923.34±63.64a	41.78±0.70a	2 056.67±22.40ab
	T10	14.67±1.40a	8.37±2.06a	4.63±0.16a	4 553.08±385.05a	41.07±0.11ab	1 869.94±155.84b
新陆早45,2017	CK	15.75±0.64a	9.43±0.59a	5.36±0.15a	5 372.61±246.05a	40.49±1.44a	2 177.05±166.17a
	E1	14.63±0.64a	9.53±0.95a	5.03±0.26a	5 575.64±784.45a	40.12±1.92a	2 243.54±389.42a
	T1	15.13±0.62a	7.93±0.87a	4.99±0.31a	5 254.97±625.23a	40.65±0.50a	2 137.70±271.74a
	T10	14.92±0.15a	7.73±0.51a	5.07±0.28a	5 349.23±382.32a	40.27±0.42a	2 154.97±175.75a

注:1.CK,全生育期覆膜;T1,出苗后第1次灌溉前揭膜;E1,出苗后第2次灌溉前揭膜;T10,出苗后第1次灌溉前10 d揭膜。

2.表内数值为平均值±标准差(n=3),小写字母表示达到0.05的显著水平(LSD),同列内同一年份不同处理后字母相同与否代表在各自水平上差异显著与否。

E1 和 T1 处理与 CK 处理间差异显著外,其余处理间衣分差异均不显著。

除了 2015 年 CK 与 T10 处理单株铃数有显著差异外,其余年份各处理间产量性状间均无显著差异。

从 2009—2014 年籽棉产量(表 9-4)来看,只有在 2012 年是 CK 处理产量最高,2014 年是 E1 处理产量最高,其余年份均是 T1 处理产量最高。不同年份处理间单铃重无显著差异,产量差异主要来自于单株铃数。由此可见,揭膜对产量的影响与年份有关,在大多数年份,出苗后第 1 次或第 2 次灌溉前揭膜能增加棉花产量。

表 9-4　2009—2014 年不同揭膜处理下棉花(新陆早 42)产量性状

年份	处理	收获株数 /(万株·hm^{-2})	单株铃数	单铃重/g	测产籽棉产量 /(kg·hm^{-2})
2009	CK	14.67a	6.59a	5.02a	4855.50a
	T1	14.73a	7.01b	4.93a	5090.40b
2010	CK	16.89a	6.40a	4.87a	5264.30a
	T1	17.35b	7.08b	4.77a	5855.24b
	E1	16.95a	7.04c	4.89a	5801.96b
2011	CK	16.24a	6.41b	5.07a	5277.79b
	T1	16.46a	6.81a	4.99a	5593.42a
	E1	16.22a	6.95a	5.07a	5715.36a
2012	CK	17.63a	6.58a	5.75a	6670.58a
	T1	17.44a	6.38a	5.65a	6287.07a
	E1	17.54a	6.47a	5.68a	6446.50a
2013	CK	17.00a	5.57a	5.63a	5316.87a
	T1	17.51a	5.73a	5.53a	5872.58a
	E1	17.24a	5.83a	5.59a	5616.62a
2014	CK	15.87a	6.68ab	5.43a	5753.89a
	T1	16.15a	6.22b	5.45a	5477.64a
	E1	16.04a	6.86a	5.40a	5939.07a

注:1.CK,全生育期覆膜;T1,出苗后第 1 次灌溉前揭膜;E1,出苗后第 2 次灌溉前揭膜;T10,出苗后第 1 次灌溉前 10 d 揭膜。

2.同列同一年份不同处理后字母相同与否代表在 0.05 水平(LSD)上差异显著与否。

3.2009 年产量数据引自李生秀等(2010),2011 年产量数据引自张占琴等(2016),其他年份产量数据来自本人未发表数据。

从棉纤维品质来看(表 9-5),除了 2016 年新陆早 42 号 E1 与 T1 处理断裂比强度(Str)有显著差异外,其余处理间品质性状无显著差异。

2015 年新陆早 42 号、2016 年新陆早 42 号和 45 号、2017 年新陆早 42 号和 45 号,上半部平均长度(UHML)最长的处理分别为 CK、T10、T1、T1 和 T10;马克隆值(Mic)最高的处理分别为 T10、T10、T10、CK 和 T10;断裂比强度(Str)最高的处理分别为 E1、T1、

表 9-5　不同揭膜处理下棉花品质性状

品种/年份	处理	UHML /mm	UI/%	Mic	Str /(g·tex⁻¹)	Elg/%	SFI/%
新陆早 42,2015	CK	27.78±0.94a	85.38±1.29a	5.09±0.07a	29.80±2.00a	6.50±0.14a	7.23±0.41a
	E1	27.24±0.73a	85.05±1.23a	5.07±0.13a	31.23±1.50a	6.53±0.10a	7.45±0.66a
	T1	26.76±0.88a	85.15±1.53a	5.10±0.05a	29.55±2.07a	6.40±0.14a	7.40±0.29a
	T10	27.06±0.66a	85.55±1.02a	5.21±0.16a	29.28±1.58a	6.43±0.17a	7.23±0.43a
新陆早 42,2016	CK	28.15±0.54a	85.57±0.15a	4.30±0.19a	28.83±1.06ab	7.10±0.10a	7.10±0.00a
	E1	27.86±0.16a	85.00±0.85a	4.31±0.19a	27.67±0.67b	7.03±0.21a	7.40±0.40a
	T1	28.13±0.11a	84.83±0.74a	4.25±0.27a	29.40±1.40a	7.03±0.06a	7.43±0.32a
	T10	28.30±0.65a	85.63±0.40a	4.57±0.24a	28.90±0.44ab	7.03±0.15a	7.07±0.15a
新陆早 45,2016	CK	29.85±0.38a	86.20±0.89a	3.92±0.20a	30.77±0.45a	7.53±0.21a	6.83±0.06a
	E1	29.58±0.57a	85.47±0.67a	3.91±0.23a	30.57±1.33a	7.53±0.15a	7.00±0.26a
	T1	30.04±0.67a	86.17±0.55a	3.76±0.44a	31.33±1.20a	7.70±0.00a	6.83±0.15a
	T10	29.61±0.06a	84.60±1.04a	3.99±0.15a	31.00±0.30a	7.50±0.10a	7.27±0.32a
新陆早 42,2017	CK	27.84±0.63a	86.13±1.25a	4.42±0.28a	29.53±1.21a	6.80±0.10a	7.03±0.49a
	E1	27.43±0.15a	85.10±0.26a	4.36±0.14a	28.57±0.32a	6.77±0.06a	7.37±0.15a
	T1	28.53±0.37a	85.03±0.76a	4.41±0.30a	30.27±0.85a	6.90±0.00a	7.30±0.30a
	T10	26.53±0.64a	84.80±1.25a	4.39±0.10a	28.80±1.25a	6.73±0.12a	7.67±0.91a
新陆早 45,2017	CK	27.47±1.01a	84.80±1.90a	4.27±0.07a	29.57±0.70a	6.83±0.15a	7.73±1.07a
	E1	27.20±1.11a	84.90±1.08a	4.41±0.30a	28.80±2.77a	6.70±0.10a	7.57±0.65a
	T1	27.39±0.35a	84.33±1.17a	4.45±0.25a	29.33±0.95a	6.77±0.15a	7.80±0.70a
	T10	29.09±0.53a	85.63±0.25a	4.52±0.06a	31.93±0.83a	6.97±0.06a	7.00±0.10a

注:1. 表内数值为平均值±标准差($n=3$),小写字母表示达到 0.05 的显著水平(LSD),同列同一年份不同处理后字母相同与各代表在各自水平上差异显著与否。

2. $UHML$:上半部平均长度;Mic:马克隆值;Str:断裂比强度;Elg:伸长率;SFI:短纤维指数;UI:整齐度指数。

3. CK,全生育期覆膜;T1,出苗后第一次灌溉前揭膜;E1,出苗前揭膜;T10,出苗后第一次灌溉前 10 d 揭膜。

T1、T1 和 T10;伸长率(Elg)最高的处理分别为 E1,CK,T1,T1 和 T10;整齐度指数(UI)最高的处理分别为 T10,T10,CK,CK 和 T10;短纤维指数(SFI)最低的分别为 T10,T10,T1,CK 和 T10。综上,揭膜可以在一定程度上提高纤维的品质,且揭膜时间越早,这种趋势越明显。

3　讨论

3.1　不同时期揭膜对棉花生长的影响

相关研究(AI—Assir et al.,1991;Bu et al.,2013;Jiang et al.,2012;Kwon et al.,2011;Li et al.,1999;吕丽红等,2003;沈新磊等,2003;贺润喜等,1999;侯晓燕等,2008;张建军等,2016;银敏华等,2014)发现,作物不同、揭膜时期不同,揭膜效果也不尽相同。在适当的生育时期揭除地膜,不仅能有效降低土壤温度,增加根系活性,改善光合产物分配,而且还能起到预防作物早衰,提高作物产量的效果;而在不合适的时间揭除地膜则可能产生负效应。

Hou 等(2015)发现夏播红薯覆膜处理叶面积指数、光合速率较对照高。Anikwe 等(2007)发现未覆膜的 cocoyam(芋,*Colocasia esculenta*)较覆膜处理 LAI 减少 35%～54%。赵玺(2015)研究表明,玉米定苗后 60 d 揭膜 LAI 最高,过早或过晚揭膜 LAI 均低于全生育期覆膜。本研究结果表明,揭膜处理在一定程度上对棉花生长造成了不利影响,LAI(图 9—1)和 LAD(图 9—2)均较 CK 处理有不同程度的降低。

蒋耿民等(2013)研究表明,在玉米抽雄期揭膜可增加叶面积和地上部干物质量,提高了叶片净光合速率。银敏华等(2014)研究发现,抽雄期揭膜处理可以促进玉米干物质的积累。Bu 等(2013)研究表明,揭膜可以提高玉米的生物量。Jiang 等(2012)研究表明,在苗期揭除地膜可以促进玉米干物质积累。但赵玺(2015)研究表明,全生育期覆膜干物质积累比定苗后 15～45 d 揭膜要高。贺润喜等(1999)研究表明,在玉米大喇叭口期揭除地膜,根系活力、净光合速率、生理指标均有相应变化,早衰现象得到缓减,产量高于其他处理。本研究也表明,揭膜对干物质积累的影响因不同气候条件而异,在干旱年份,揭膜减少了干物质的积累,而在雨水偏多及降雨正常的年份,适期揭膜创造了适度干旱胁迫条件,促进了各器官干物质的积累(图 9—7,表 9—1)。在 2016—2017 年,揭膜处理在大部分时期 NAR 都高于 CK 处理(图 9—3)。

吕丽红等(2003)研究表明,适时揭膜能够改善春小麦光合产物分配,促进根系生长下扎。本研究也发现,在大多数情况下,揭膜处理促进了干物质往根系中的分配(表 9—2)。

3.2　不同时期揭膜对棉花产量及品质的影响

张俊业等(1986)研究表明,花期揭膜有利于棉花优质高产。部分学者(朱继杰等,2013;宿俊吉等,2011;宿俊吉等,2011;肖光顺等,2009)研究表明,揭膜对棉花株高、蕾数、根系干重影响较显著,对成铃数、铃重和衣分等产量形成因子影响不明显,部分品质性状优于覆膜处理。本研究也发现,除了 2015 年 CK 处理与揭膜处理间产量有显著差异以及 CK 与 T10 处理间单株铃数有显著差异外,其余年份各处理间产量、性状均无显著差异

（表9－3）。揭膜可以在一定程度上提高纤维的品质，揭膜时间越早，这种趋势越明显（表9－4）。

　　刘胜尧等（2014）研究表明，在平作情况下覆膜不利于降水入渗而导致玉米减产5.0%。而王秀康等（2015）却研究表明，施肥和覆膜较不施肥、不覆膜玉米产量增加23.42%～83.23%。赵玺（2015）研究表明，在玉米定苗后60 d揭除地膜可以提高产量及水分利用效率。蒋耿民等（2013）研究表明，在玉米抽雄期揭膜可获得较高的籽粒产量及水分利用效率。张建军等（2016）研究表明，抽雄期揭膜玉米籽粒产量和水分利用效率均优于全生育期覆膜。Wang等（2009）研究表明，随着覆膜时间的延长，马铃薯块茎产量及水分利用效率大幅降低。Bu等（2013）研究表明，揭膜可以提高玉米光合速率和产量。Jiang等（2012）研究表明，在玉米苗期揭除地膜可以提高产量。侯晓燕等（2008）研究表明，马铃薯在覆膜后60 d揭除地膜，其产量和水分利用效率显著提高。

　　沈新磊等（2003）研究表明，覆膜对春小麦产量的效应因底墒、施氮、覆膜时间长短和生育期降雨量而异。本研究也发现，在不同年份，揭膜时间相同，对产量却有不同的影响。2015年和2016年棉花生长季节5～9月的降雨分别为94 mm和120.2 mm，播前4月份降雨分别为21.4 mm和53.8 mm（气象数据来源于石河子气象局）。在灌溉量相同的情况下，2015年降水明显偏少，在此情况下，揭膜造成了减产，且揭膜时间越早，减产越严重。而在2016年降水偏多的情况下，新陆早42号虽然CK处理产量最高，但4个处理间产量差距极小。新陆早45号则是T1处理产量最高。而E1处理由于揭膜时间晚，没有经过前期的干旱锻炼，故而产量最低。2017年降雨比较正常，2个品种均是E1处理产量最高，而揭膜时间最早的T10处理，依然表现为减产（表9－3）。而在2009—2014年（表9－4），只有2012年CK处理产量最高，2014年E1处理产量最高，其余年份均是T1处理产量最高。由此可见，根据每年气候情况，选择合适的揭膜时机，才能既达到防治残膜污染的目的，又增加了产量。

4　小结

　　揭膜处理在一定程度上对棉花生长造成了不利影响，LAI和LAD均较CK有不同程度的降低，在2016—2017年，揭膜处理在大部分时期NAR都高于CK。揭膜处理MTA和DIFN值均高于对照，漏射到冠层底部的光线较多，从而导致漏射率（LLR）较CK高，而总光截获率（LIR）较CK低。在干旱年份，揭膜减少了干物质的积累，而在雨水偏多及降雨正常的年份，适期揭膜创造了适度干旱胁迫条件，促进了棉花各器官干物质的积累。揭膜条件下 T_{max} 出现时间较CK早，干物质直线积累开始的时间较早，直线积累的时间（$t_2 - t_1$）长，直线积累期间干物质积累量大。揭膜在正常年份可以促进干物质往生殖器官分配。在大多数情况下，揭膜处理促进了干物质往根系中的分配。揭膜对产量的影响与年份有关，在大多数年份，出苗后第1次或第2次灌溉前揭膜能增加棉花产量。揭膜可以在一定程度上提高纤维的品质，揭膜时间越早，这种趋势越明显。

第 10 章　揭膜后不同灌水量对棉花生长的影响

西北内陆是目前中国最主要的棉花种植区。2015 年,该地区棉花种植总面积达 230 万公顷,棉花(皮棉)总产量达 428 万 t,单位产量(皮棉)1 900 kg·hm^{-2},分别比全国平均水平以及巴西和美国单产高 21%、41% 和 121%,而且是世界平均单产水平的 2.37 倍(Feng et al.,2017)。提高棉花产量,特别是提高单位产量,很大程度上归因于采用了包括充分利用积温、高密度种植和降低株高,以充分利用光能,以及膜下滴灌技术的大面积应用等一系列关键栽培技术。同时,采取了一系列节约劳动力和物化成本的技术或做法,以提高净生产回报。机械化和精量播种大大降低了劳动投入,合理的高密度种植技术与化学调节相结合,简化了棉花的田间管理,水肥一体化技术降低了田间管理的投入和成本。特别是这些农艺技术和材料设备的结合不仅提高了产量,而且也方便、经济和简单。这些因素使得西北内陆地区成为中国最大的棉花种植区。然而,该地区目前面临着棉花单产水平停滞不前、塑料薄膜污染严重、纤维质量持续下降、生产成本大幅增加、利润持续下降等重大问题。这些因素使得该地区的棉花种植战略需要进一步优化。通过探索热和水的潜力可以提高产量,通过探索光的潜力、灌溉施肥和将农艺技术与机械化结合起来,可以提高质量和经济效益。综合前面的研究成果,在棉花出苗后第 1 次灌溉前揭除地膜可以很好地解决残膜污染,此时地膜的增温保墒作用基本已经结束,由于没有灌水,地膜没有与地表粘连在一起,利于机械回收。前面的研究表明,揭膜降低了正常年份 0～60 cm 土层的土壤水分含量。因此,通过在揭除地膜后每次灌溉时增加灌水量,研究棉花生长及产量品质对不同灌水量的响应,以制定合理的水肥调控措施,为揭膜后棉花的高产高效栽培奠定基础。

1　材料与方法

1.1　样品采集与测定

实验设计同第 2 章,干物质及冠层指标、产量及品质测定方法同第九章,气体交换参数测定同第 7 章。灌溉水利用效率(IWUE)采用各个水分处理下的籽棉产量与灌水量的比值。每个处理的灌水量由水表精确控制。

1.2　数据处理

同第 9 章。

2　结果与分析

2.1　揭膜后不同灌水量对棉花冠层结构的影响

从图 10-1 中可以看出,除了 2017 年新陆早 45 号 W1 处理在后期叶面积指数

（*LAI*）最高外，其余均是 CK 处理 *LAI* 最高，2017 年 *LAI* 最低的为 T1 处理，2016 年 *LAI* 最低的为 W3（新陆早 42 号）和 W1（新陆早 45 号）处理。由此可见，相对于揭膜后正常灌水，揭膜后增加灌水可以促进棉花的生长，提高 *LAI*，但依然比全生育期覆膜低。

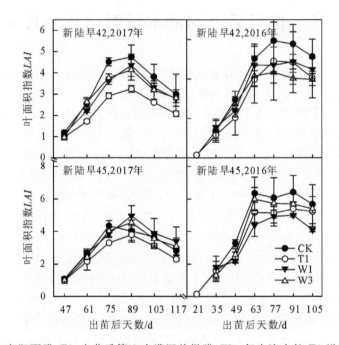

注：CK，全生育期覆膜；T1，出苗后第 1 次灌溉前揭膜；W1，每次滴水较 T1 增加 10％的灌水量；W3，每次滴水较 T1 增加 30％的灌水量；误差棒代表标准差（*n*=3）。

图 10－1　不同水分处理棉花叶面积指数变化动态

不同处理平均叶倾角（mean tilt angle，MTA）变化趋势基本一致（图 10－2），至生育期末，2017 年 T1 处理 *MTA* 较大，而 2016 年则是 W3 处理 *MTA* 较大。2016—2017 年 T1 处理冠层开度（*DIFN*）最大，但 2016 年各处理间的差距较 2017 年小（图 10－3）。

综上，在正常年份，揭膜后增加灌水可以促进棉花的生长，提高 *LAI*，减少 *DIFN*。但在降雨较多的年份，增加灌水可能对棉花生长不利。

2.2　揭膜后不同灌水量对棉花光合势和净同化率的影响

光合势（*LAD*）的变化趋势与 LAI 基本一致，除了 2017 年新陆早 45 号 W1 处理（最高值为 66.38×10⁴ m² · d⁻¹ · hm⁻²）在后期比其余 3 个处理略高外，2 a 间均是 CK 处理 *LAD* 最高，2017 年 *LAD* 最低的均为 T1 处理，2016 年新陆早 45 号和新陆早 42 号 LAD 最低的分别为 W1 和 W3 处理（图 10－4）。在降雨正常年份，揭膜后增加灌水提高了 *LAD*，而在多雨年份则相反。

不同水分处理对净同化率（*NAR*）的影响主要体现在生育后期，且因品种而异。新陆早 42 号，W3 处理在苗后 90 d（2017 年）和 78 d（2016 年）往后，*NAR* 均比 T1 处理高。而新陆早 45 号则是在苗后 104～117 d（2017 年）和 92～105 d（2016 年），W3 处理 *NAR* 均比 T1 处理低（图 10－5）。

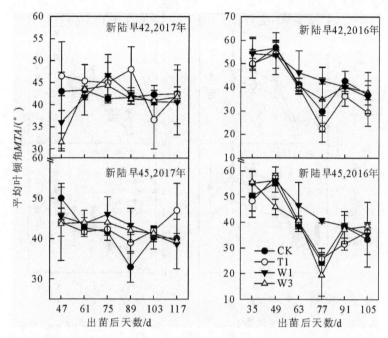

注:CK,全生育期覆膜;T1,出苗后第 1 次灌溉前揭膜;W1,每次滴水较 T1 增加 10% 的灌水量;W3,每次滴水较 T1 增加 30% 的灌水量;误差棒代表标准差(n=3)。

图 10-2　不同水分处理棉花平均叶倾角变化动态

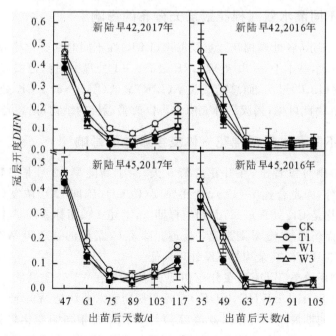

注:CK,全生育期覆膜;T1,出苗后第 1 次灌溉前揭膜;W1,每次滴水较 T1 增加 10% 的灌水量;W3,每次滴水较 T1 增加 30% 的灌水量;误差棒代表标准差(n=3)。

图 10-3　不同水分处理棉花冠层开度变化动态

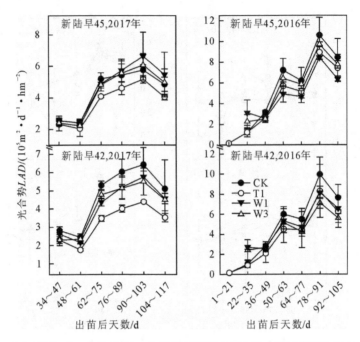

注:CK,全生育期覆膜;T1,出苗后第 1 次灌溉前揭膜;W1,每次滴水较 T1 增加 10%的灌水量;
W3,每次滴水较 T1 增加 30%的灌水量;误差棒代表标准差($n=3$)。

图 10－4　不同水分处理棉花光合势变化动态

2.3　揭膜后不同灌水量对棉花冠层光分布的影响

如图 10－6 所示,各处理棉花冠层反射率(LRR)在不同时期变化趋势基本一致,各处理间的差距也不大,基本上是 T1 处理 LRR 最高。T1 处理漏射到冠层底部的光线较多,从而导致漏射率(LLR)最高,而总光截获率(LIR)最低(图 9－6)。CK 处理则是 LLR 最低而 LIR 最高。由此可见,揭膜后补充灌水可以改善冠层的结构,提高光能的截获率。

2.4　揭膜后不同灌水量对棉花气体交换参数的影响

从图 10－7 中可以看出,在开花后第 5 天,除了新陆早 42 号是 T1 处理蒸腾速率(Trmmol)最高外,净光合速率(P_n)、气孔导度(Cond)、胞间 CO_2 浓度(C_i)和蒸腾速率(Trmmol)速率均是 CK 处理最高,而到生育期末,上述 4 项指标新陆早 42 号最高的处理均是 W1 处理,而新陆早 45 号则是 W3 处理。除了 C_i 最低的处理为 W3(新陆早 42 号)和 T1(新陆早 45 号)外,其余均是 CK 处理最低。

瞬时水分利用效率(WUE),在开花初期和末期均是 W1 处理最低。新陆早 42 号潜在水分利用效率(intrinsic WUE,WUE_i)在开花初期和末期均是 W3 处理最高,新陆早 45 号则只有在开花初期最高。气孔限制值(Ls)与 WUE_i 有相同的变化趋势。叶片光能利用率(LUE)在开花初期均是 W3 处理最低,而在后期则是 T1(新陆早 42 号)和 W3(新陆早 45 号)处理最高。LUE 最低的为 CK 处理。

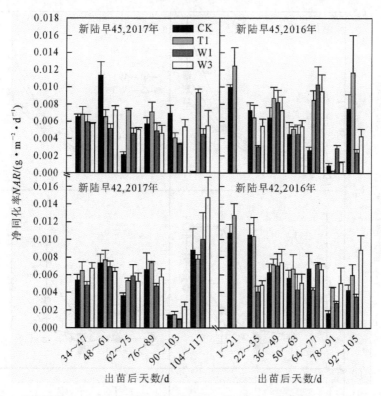

注:CK,全生育期覆膜;T1,出苗后第 1 次灌溉前揭膜;W1,每次滴水较 T1 增加 10％的灌水量;
W3,每次滴水较 T1 增加 30％的灌水量;误差棒代表标准差(n＝3)。

图 10－5　不同水分处理棉花净同化率变化动态

2.5　揭膜后不同灌水量对棉花干物质积累与分配的影响

各处理群体总干物质积累(图 10－8)动态基本呈 S 形曲线变化,干物质的积累随着棉株生育进程的推进而增加,但不同阶段的积累速度不同。不同处理干物质积累规律可用 Logistic 方程 $Y＝K/[1＋\exp(a＋bt)]$ 来拟合,a,b,K 待定系数见表 10－2,根系干物质积累速率达到最大值的时间 $T_{\max}$,此时积累速率最大值 $R_{\max}$、干物质重 W_m,直线积累的开始时间 t_1 和结束时间 t_2,以及 t_1 和 t_2 期间干物质积累量 $\Delta W_{t_2-t_1}$ 的计算参考明道绪(2006)的方法。

通过表 10－2 可以看出,干物质最大积累量(即方程中 K 值)以及 $R_{\max}$ 在新陆早 42号中是 W3 处理最高,而新陆早 45 号则是 T1 处理最高。

除了 2016 年新陆早 45 号 CK 处理 $T_{\max}$ 出现时间最晚外,其余均是 W3 处理 $T_{\max}$ 出现时间最晚。

而 t_1 出现的时间,2016 年新陆早 42 号和 2017 年新陆早 45 号均为 CK 处理出现的时间早;2016 年新陆早 45 号、2017 年新陆早 42 号 t_1 出现的时间最早的分别是 W3 和 T1处理。

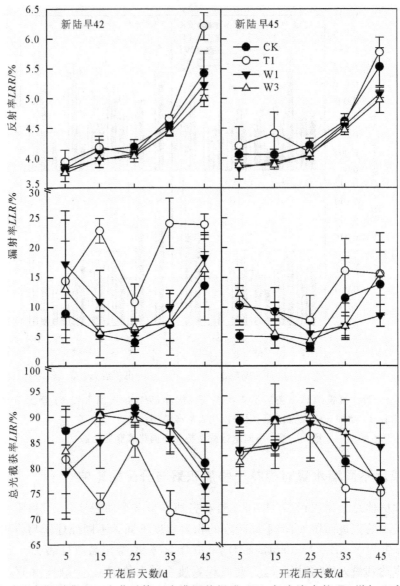

注:CK,全生育期覆膜;T1,出苗后第 1 次灌溉前揭膜;W1,每次滴水较 T1 增加 10％的灌水量;
W3,每次滴水较 T1 增加 30％的灌水量;误差棒代表标准差($n=3$)。

图 10－6　不同水分处理棉花冠层反射率、漏射率、总光截获率变化动态(2017)

干物质直线积累的时间(t_2-t_1)2016 年新陆早 42 号和 2017 年新陆早 45 号均为 W3
处理最长,而 2016 年新陆早 45 号和 2017 年新陆早 42 号则分别为 CK 和 W1 处理干物
质直线积累的时间最长。

t_1 至 t_2 期间干物质积累量 $\Delta W_{t_2-t_1}$ 在新陆早 42 号中是 W3 处理最高,而新陆早 45 号
则是 T1 最高。

在生育期末,除了 2017 年新陆早 42 号,增加灌水处理根冠比(R/T)均比 T1 处理高
(图 10－9)。

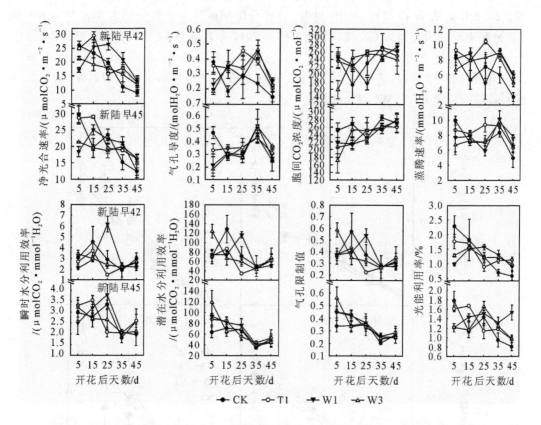

注:CK,全生育期覆膜;T1,出苗后第 1 次灌溉前揭膜;E1,出苗后第 2 次灌溉前揭膜;T10,出苗后第 1 次灌溉前 10 d 揭膜;XLZ42,新陆早 42 号;XLZ45,新陆早 45 号;误差棒代表标准差($n=3$)。

图 10-7 不同水分处理棉花棉花气体交换参数变化动态(2017)

综上所述,揭膜后增加灌水可以提高新陆早 42 号干物质最大积累量、最大干物质积累速率以及直线增长期的干物质积累量,而上述 3 项指标在新陆早 45 号中则是 T1 处理最高。揭膜后增加灌水可以推迟干物质最大积累速率出现的时间,而对直线积累开始的时间及持续的时间没有明显的影响规律。揭膜后增加灌水与揭膜后正常灌水相比 R/T 值降低,但依然比全程覆膜高。

从成熟期同化产物在各器官间的积累量及分配比例来看(表 10-3),不同处理各器官干物质积累量大小顺序为花铃>茎秆>叶片>根。2016 年新陆早 42 号根、茎秆、叶片积累量最多的为 W3 处理,最少的为 W1 处理,而花铃积累量最多的为 T1 处理,最少的为 W3 处理。2016 年新陆早 45 号根、茎秆、叶片、花铃积累量最多的处理分别为 T1,W3,T1 和 T1,积累量最少的处理分别为 W1,W1,W1 和 W3。2017 年新陆早 42 号根、茎秆、叶片、花铃积累量最多的处理均为 W3,积累量最少的处理分别为 CK,T1,T1 和 T3。2017 年新陆早 45 号根、茎秆、叶片、花铃积累量最多的处理分别为 W3,W3,W3 和 T1,积累量最少的分别为 CK,W1,CK 和 W1。

从干物质在棉株各器官中的分配来看,2016 年新陆早 42 号根、茎秆、叶片分配率最高的为 W3 处理,最低的为 W1 处理,而花铃分配率最高的为 T1 处理,最低的为 W3 处

理。2016 年新陆早 45 号根、茎秆、叶片、花铃分配率最高的处理分别为 W3，W3，W3 和
T1，分配率最低的分别为 CK，T1，T1 和 W3。2017 年新陆早 42 号根、茎秆、叶片、花铃分
配率最高的处理分别为 T1，CK，W3 和 T1，分配率最低的处理分别为 CK，T1，T1 和 W3。
2017 年新陆早 45 号根、茎秆、叶片、花铃分配率最高的处理分别为 W3，W3，W1 和 T1，分
配率最低的分别为 T1，W1，T1 和 W3。

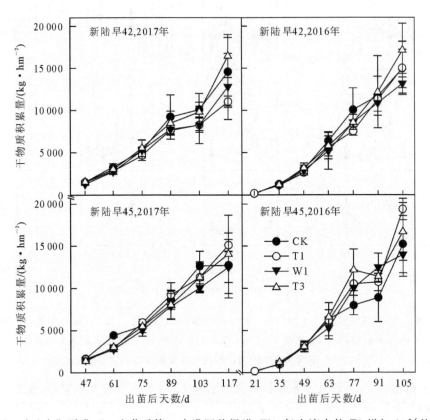

注：CK，全生育期覆膜；T1，出苗后第 1 次灌溉前揭膜；W1，每次滴水较 T1 增加 10% 的灌水量；
W3，每次滴水较 T1 增加 30% 的灌水量；误差棒代表标准差（n＝3）。

图 10－8　不同水分处理棉花干物质积累动态

综上所述，揭膜后增加灌水在降雨正常年份可以增加各器官干物质的积累量，在多雨
年份，减少了生殖器官中干物质的积累。从干物质在各器官中的分配来看，揭膜后增加灌
水减少了同化产物往生殖器官分配的比例，在多雨年份，增大了同化产物往根、茎秆、叶片
中的分配比例。

2.6　揭膜后不同灌水量对棉花产量和品质的影响

从表 10－4 中可以看出，2016 年新陆早 42 号和 45 号、2017 年新陆早 42 号和 45 号，
籽棉产量最高的处理分别为 CK，T1，CK 和 CK，籽棉产量最低的处理分别为 W3，W3，
W1 和 W3。而从皮棉产量来看，2016 年、2017 年新陆早 42 号和 45 号产量最高的处理分
别为 T1，T1，T1 和 CK，产量最低的处理分别为 W3，W3，W1 和 W3。2016 年、2017 年新

陆早 42 号和 45 号衣分最高的处理分别为 W3,W1,T1 和 W3。

除了 2016 年新陆早 45 号 T1 处理灌溉水利用效率最高外,其余均是 CK>T1>W1>W3,W3 处理与 T1 和 CK 处理间的差异达到显著或极显著的水平。

除了 2016 年新陆早 42 号 W3 和 CK 处理间单株铃数有显著差异,2016 年新陆早 45 号 W1 和 W3 处理间衣分差异显著,2016 年新陆早 45 号 W3 与 T1 处理间皮棉产量差异显著,其余产量、性状的差异均不显著。由此可见,揭膜后增加灌溉造成了减产,灌溉水利用效率显著降低。

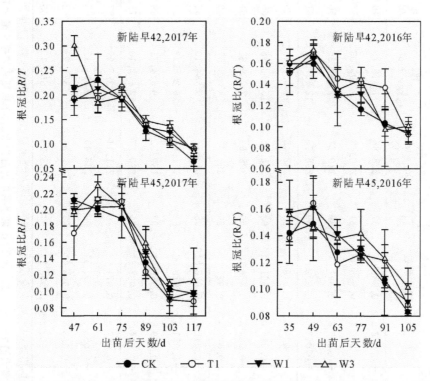

注:CK,全生育期覆膜;T1,出苗后第 1 次灌溉前揭膜;W1,每次滴水较 T1 增加 10% 的灌水量;W3,每次滴水较 T1 增加 30% 的灌水量;误差棒代表标准差(n=3)。

图 10-9　不同水分处理棉花根冠比变化动态

从皮棉品质来看(表 10-5),除了 2016 年新陆早 45 号 W1 与 W3 处理马克隆值(Mic)有显著差异外,其余处理间品质性状无显著差异。

2016 年新陆早 42 号和 45 号、2017 年新陆早 42 号和 45 号,上半部平均长度(UHML)最短的处理分别为 W3,W1,W1 和 W3;最长的处理分别为 CK,T1,T1 和 W1;马克隆值(Mic)最低的处理分别为 T1,W3,T1 和 CK;最高的处理分别为 W3,W1,W1 和 W3;断裂比强度(Str)最低的处理分别为 W1,W1,CK 和 W3;最高的处理分别为 T1,T1,W1 和 W1;伸长率(Elg)最低的处理分别为 W1,W1,W1 和 T1;最高的处理分别为 W3,W3,W3 和 CK;整齐度指数(UI)最低的处理分别为 T1,W1,T1 和 T1;最高的处理分别为 CK,CK,W1 和 W1;短纤维指数(SFI)最低的处理分别为 CK,T1,W1 和 W1,最高的处理分别为 W3,W1,T1 和 T1。

表 10-2　不同水分处理棉花干物质积累 Logistic 方程参数

品种/年份	处理	K	a	b	相关系数	T_{max} /d	R_{max} /(kg·hm⁻²·d⁻¹)	W_m /(kg·hm⁻²)	t_1 /d	t_2 /d	$\Delta W_{t_2-t_1}$ /(kg·hm⁻²)
新陆早 42 号,2016	CK	15 233.50	4.897 9	−0.073 2	0.986 6**	67	278.86	7 616.75	49	85	4 394.86
	T1	18 790.06	4.467 8	−0.055 4	0.995 3**	81	260.43	9 395.03	57	104	5 420.93
	W1	14 174.72	4.700 8	−0.067 8	0.991 6**	69	240.37	7 087.36	50	89	4 089.41
	W3	25 015.26	4.243 0	−0.047 8	0.992 8**	89	298.75	12 507.63	61	116	7 216.90
新陆早 45 号,2016	CK	26 514.86	3.934 7	−0.039 6	0.946 7**	99	262.48	13 257.43	66	133	7 649.54
	T1	30 025.95	4.292 9	−0.046 0	0.961 2**	93	345.06	15 012.98	65	122	8 662.49
	W1	14 459.70	5.604 3	−0.084 5	0.986 1**	66	305.63	7 229.85	51	82	4 171.62
	W3	16 031.14	5.064 3	−0.077 3	0.927 9*	66	309.66	8 015.57	49	83	4 624.98
新陆早 42 号,2017	CK	19 068.20	4.333 8	−0.045 7	0.972 8**	95	217.82	9 534.10	66	124	5 501.17
	T1	12 510.99	4.329 4	−0.051 6	0.979 0**	84	161.48	6 255.49	58	109	3 609.42
	W1	19 029.42	4.082 8	−0.039 8	0.959 6**	102	189.52	9 514.71	69	136	5 489.99
	W3	25 346.21	4.632 7	−0.044 3	0.997 6**	105	280.57	12 673.10	75	134	7 312.38
新陆早 45 号,2017	CK	14 775.97	4.593 2	−0.057 2	0.971 9**	80	211.11	7 387.99	57	103	4 262.87
	T1	18 182.35	4.675 2	−0.052 0	0.991 5**	90	236.46	9 091.17	65	115	5 245.61
	W1	14 743.86	4.651 7	−0.053 4	0.998 0**	87	197.01	7 371.93	62	112	4 253.60
	W3	17 308.89	4.722 2	−0.052 2	0.999 2**	91	225.76	8 654.45	65	116	4 993.62

注：1. CK，全生育期覆膜；T1，出苗后第 1 次灌溉前揭膜；W1，每次滴水较 T1 增加 10% 的灌水量；W3，每次滴水较 T1 增加 30% 的灌水量。

2. a、b、K 为方程待定系数，干物质积累速率达到最大值的时间为 T_{max}，此时积累速率最大值为 R_{max}，干物质积累速率最大时的养分积累量为 W_m，直线积累的开始时间 t_1 和结束时间 t_2，t_1 和 t_2 期间干物质积累量 $\Delta W_{t_2-t_1}$。* 代表回归方程统计检验达显著水平（$P<0.05$）。** 代表回归方程统计检验达极显著水平（$P<0.01$）。

表 10—3　成熟期干物质在不同器官中的积累与分配

品种/年份	处理	根 积累量/(kg·hm⁻²)	根 分配率/%	茎秆 积累量/(kg·hm⁻²)	茎秆 分配率/%	叶片 积累量/(kg·hm⁻²)	叶片 分配率/%	花铃 积累量/(kg·hm⁻²)	花铃 分配率/%
新陆早 42 号,2016	CK	1 261.84±121.59ab	8.50±0.80a	4 449.49±730.17b	29.83±3.26a	2 659.09±605.23ab	17.65±1.59a	6 583.67±1 029.73a	44.01±1.70ab
	T1	1 273.81±276.27ab	8.49±0.58a	3 614.76±531.55bc	24.35±2.18b	2 560.82±469.77ab	17.16±1.30a	7 553.43±2 036.32a	50.01±3.80a
	W1	1 138.91±76.22b	8.67±0.82a	3 213.05±287.93c	24.39±1.39b	2 304.57±132.40b	17.58±2.09a	6 533.39±986.79a	49.36±3.39a
	W3	1 555.67±230.98a	9.14±0.69a	5 769.43±594.62a	34.08±3.50a	3 287.29±242.11a	19.55±3.03a	6 502.94±2 338.62a	37.23±6.15b
新陆早 45 号,2016	CK	1 168.42±264.96a	7.68±0.10a	4 929.35±601.47a	33.33±6.67ab	2 707.32±607.65a	18.20±4.08a	6 393.24±2 727.19a	40.79±10.43ab
	T1	1 545.82±458.55a	8.13±0.67a	4 766.22±1 565.45a	24.89±1.14c	3 300.02±1 127.87a	17.21±0.84a	9 747.77±4 140.94a	49.77±2.32a
	W1	1 145.50±153.69a	8.31±1.14a	3 624.62±1 024.30a	25.64±3.19bc	2 453.43±671.51a	17.38±1.66a	6 730.91±794.03a	48.67±3.58a
	W3	1 509.70±153.49a	9.19±1.20a	6 342.90±1 484.72a	37.95±3.39a	3 199.07±433.08a	19.35±1.37a	5 633.38±1 625.24a	33.51±4.82b
新陆早 42 号,2017	CK	892.38±329.40a	6.05±0.85b	3 083.50±703.95ab	21.40±1.63a	2 045.81±275.65ab	14.57±3.02ab	8 555.43±2 853.71a	57.97±4.00bc
	T1	915.62±45.36a	8.33±0.73a	1 750.77±519.41b	15.74±3.97a	1 055.96±421.35b	9.49±3.34b	7 298.11±70.49a	66.43±4.93a
	W1	982.78±234.03a	7.80±1.31a	2 367.02±481.01ab	19.02±4.51a	1 376.21±786.30b	10.30±3.39b	8 115.49±2 680.46a	62.89±1.55ab
	W3	1 256.87±114.07a	7.70±0.67a	3 409.94±700.87a	20.60±1.30a	2 842.00±568.01a	17.18±0.87a	8 947.98±1 202.31a	54.52±1.74c
新陆早 45 号,2017	CK	1 057.03±10.79b	8.83±2.54a	2 331.02±1 096.44a	17.76±4.55a	1615.02±478.63a	12.75±0.53a	7 701.73±2 377.78a	60.66±2.66a
	T1	1 218.41±120.59ab	8.07±0.52a	2 642.20±350.06a	17.49±1.78a	1 866.69±505.73a	12.45±3.68a	9 354.28±826.91a	61.99±3.97a
	W1	1 123.70±145.70b	9.01±0.16a	2 095.46±605.56a	16.75±3.80a	1 828.60±435.30a	14.51±1.35a	7 449.98±1 043.91a	59.74±4.53a
	W3	1 337.33±7.32a	10.07±3.28a	3 014.23±776.44a	21.76±1.65a	1 923.32±685.49a	13.65±0.38a	7 753.67±3 164.67a	54.52±4.55a

注:表内数值为平均值±标准差($n=3$),小写字母表示达到 0.05 的显著水平(LSD),同列同一年份同一处理后字母相同与否相同与否代表在各自水平上差异显著与否。CK,全生育覆膜;T1,出苗后第 1 次灌前揭膜;W1,每次滴水 T1 增加 10%的灌水量;W3,每次滴水较 T1 增加 30%的灌水量。

表 10—4　揭膜后不同灌水量棉花产量性状

品种/年份	处理	收获株数 /(万株·hm⁻²)	单株铃数	单铃重 /g	籽棉产量 /(kg·hm⁻²)	衣分 /%	皮棉产量 /(kg·hm⁻²)	灌溉水利用效率 /(kg·m⁻³)
新陆早 42 号,2016	CK	12.14±2.74a	6.76±0.24a	5.93±0.15a	4166.88±637.58a	38.00±0.67a	1585.55±265.56a	1.22±0.19a
	T1	12.50±0.61a	7.38±1.24ab	5.87±0.28a	4119.77±297.89a	38.46±1.3a	1586.81±163.05a	1.20±0.09a
	W1	13.99±1.74a	6.13±0.61ab	5.88±0.15a	4061.80±325.62a	39.03±1.62a	1581.98±62.52a	1.07±0.09ab
	W3	13.81±2.75a	5.60±0.55b	5.65±0.25 a	3753.81±197.27a	40.51±0.95a	1520.86±88.50a	0.83±0.04b
新陆早 45 号,2016	CK	11.44±4.3a	8.13±1.47a	6.35±0.33a	4112.52±310.58a	37.88±0.62ab	1558.84±141.97ab	1.20±0.09a
	T1	14.22±0.53a	6.43±0.49a	6.13±0.47a	4235.72±490.04a	37.97±0.51ab	1609.83±206.19a	1.24±0.14a
	W1	13.29±1.43a	6.54±0.53a	5.97±0.36a	3992.95±670.11a	39.83±1.43a	1595.18±305.78ab	1.05±0.18ab
	W3	14.75±2.16a	6.13±0.83a	5.73±0.07 a	3155.95±236.24a	37.79±1.29b	1194.63±128.65b	0.70±0.05b
新陆早 42 号,2017	CK	14.23±1.03a	8.83±1.65a	4.77±0.19a	5067.56±510.85a	39.77±1.53a	2014.12±200.67a	1.20±0.12a
	T1	13.74±1.19a	8.40±0.79a	4.98±0.30a	4923.34±63.64a	41.78±0.70a	2056.67±22.40a	1.17±0.02a
	W1	13.90±0.66a	8.37±0.90a	4.89±0.30a	4478.68±146.28a	41.74±0.74a	1869.30±58.72a	0.93±0.03b
	W3	14.79±1.25a	8.40±0.98a	4.77±0.32a	4555.78±276.87a	41.58±0.67a	1895.65±146.24a	0.83±0.05b
新陆早 45 号,2017	CK	15.75±0.64a	9.43±0.59a	5.36±0.15a	5372.61±246.05a	40.49±1.44a	2177.05±166.17a	1.28±0.06a
	T1	15.13±0.62a	7.93±0.87a	4.99±0.31a	5254.97±625.23a	40.65±0.50a	2137.70±271.74a	1.25±0.15a
	W1	14.30±1.35a	8.27±0.61a	4.94±0.09a	4920.88±654.84a	40.57±1.09a	1993.31±235.54a	1.02±0.14ab
	W3	14.79±0.48a	8.43±0.50a	4.74±0.25a	4490.02±259.59a	41.18±0.92a	1850.59±145.71a	0.82±0.05b

注:表内数值为平均值±标准差(n=3),小写字母表示达到 0.05 的显著水平(LSD),同列同一年份不同处理后字母与否代表在各自水平上差异显著与否。CK,全生育期覆膜;T1,出苗后第 1 次灌溉前揭膜;W1,每次滴水较 T1 增加 10%的灌水量;W3,每次滴水较 T1 增加 30%的灌水量。

表 10—5　揭膜后不同灌水量棉花品质性状

品种/年份	处理	UHML/mm	UI/%	Mic	Str/(g·tex⁻¹)	Elg/%	SFI/%
新陆早 42 号,2016	CK	28.15±0.54a	85.57±0.15a	4.30±0.19a	28.83±1.06a	7.10±0.10a	7.10±0.00a
	T1	28.13±0.11a	84.83±0.74a	4.25±0.27a	29.40±1.40a	7.03±0.06a	7.43±0.32a
	W1	28.08±0.34a	85.50±0.26a	4.26±0.23a	28.60±0.70a	6.97±0.12a	7.13±0.12a
	W3	27.88±0.53a	84.87±0.38a	4.55±0.16a	28.73±1.05a	7.20±0.10a	7.43±0.21a
新陆早 45 号,2016	CK	29.85±0.38a	86.20±0.89a	3.92±0.20ab	30.77±0.45a	7.53±0.21a	6.83±0.06a
	T1	30.04±0.67a	86.17±0.55a	3.76±0.44ab	31.33±1.20a	7.70±0.00a	6.83±0.15a
	W1	28.69±1.05a	85.50±1.37a	4.51±0.22a	30.00±0.98a	7.33±0.15a	7.23±0.40a
	W3	29.66±0.51a	85.87±1.12a	3.55±0.03b	30.13±0.40a	7.73±0.15a	6.93±0.25a
新陆早 42 号,2017	CK	27.84±0.63a	86.13±1.25a	4.42±0.28a	29.53±1.21a	6.80±0.10a	7.03±0.49a
	T1	28.53±0.37a	85.03±0.76a	4.41±0.30a	30.27±0.85a	6.90±0.00a	7.30±0.30a
	W1	27.71±1.11a	86.23±0.84a	4.68±0.53a	30.53±2.16a	6.80±0.17a	6.97±0.23a
	W3	28.00±1.16a	85.70±0.79a	4.57±0.19a	30.07±1.76a	6.93±0.15a	7.10±0.35a
新陆早 45 号,2017	CK	27.47±1.01a	84.80±1.90a	4.27±0.07a	29.57±0.70ab	6.83±0.15a	7.73±1.07a
	T1	27.39±0.35a	84.33±1.17a	4.45±0.25a	29.33±0.95ab	6.77±0.15a	7.80±0.70a
	W1	27.98±0.08a	84.97±1.42a	4.32±0.39a	30.73±0.93a	6.80±0.00a	7.43±0.55a
	W3	26.87±0.43a	84.67±0.31a	4.53±0.30a	28.10±0.95b	6.77±0.06a	7.60±0.17a

注:表内数值为平均值±标准差($n=3$),小写字母表示达到 0.05 的显著水平(LSD),同列同一年份不同处理后母字母相同与否代表各自水平上差异显著与否。CK,全生育期覆膜;T1,出苗后第 1 次灌溉前揭膜;W1,每次滴水较 T1 增加 10% 的灌水量;W3,每次滴水较 T1 增加 30% 的灌水量。

综上,揭膜后增加灌溉量降低了上半部平均长度,但提高了马克隆值和伸长率;揭膜后适当增加灌溉量(W1处理)在降雨正常年份可以提高断裂比强度及整齐度指数,降低短纤维指数。

3 讨论

3.1 揭膜后不同灌水量对棉花生长的影响

贺怀杰等(2017)研究表明,在膜下滴灌条件下,棉花株高和叶面积指数均随灌水量的增加而增加。范志超(2013)研究表明,叶面积指数、叶倾角随着灌水量的增加而增加,冠层开度则相反。不同时期、不同灌水定额条件下,棉花光合速率和蒸腾速率表现出随着灌水量的减少而逐渐减小的特点。李志刚等(2013)研究表明,棉花叶片光合速率、气孔导度、蒸腾速率随着灌水量的增加均呈现先增加后减弱的趋势,适宜的灌水量可以提高光合速率。

本研究也表明,相对于揭膜后正常灌水,揭膜后增加灌水可以提高棉花的 LAI (图10-1)、减少 DIFN(图10-3)。2016年 W3 处理 MTA 较大(图10-2)。揭膜后增加灌水可以提高生育后期的光合性能(图10-7)。

司转运等(2016)研究表明,增加灌水量和氮肥用量对棉花株高、叶面积指数、地上部及蕾铃花干物质量的增加都有促进作用。郭文琦(2009)研究表明,花铃期渍水显著降低了棉花各器官干物质累积量,改变了各器官干物质分配比例,降低了根系和蕾花铃、提高了叶片和茎秆的干物质分配系数。棉花根干重和根冠比均降低。Dagdelen 等(2006)研究表明,叶面积指数和干物质量随着用水量的增加而增加。

而本研究表明,揭膜后增加灌水可以提高新陆早42号干物质最大积累量(表10-2)。在2 a间均减少了同化产物往生殖器官分配的比例,在多雨年份(2016年),增大了同化产物往根、茎秆、叶片中的分配比例(表10-3)。揭膜后增加灌水与揭膜后正常灌水相比降低了 R/T,但依然比全程覆膜增加了 R/T(图10-9)。

3.2 揭膜后不同灌水量对棉花产量和品质的影响

水分不足时,植株生长受到胁迫,产量降低。而水分过多,往往会造成植株徒长,冠层郁闭,影响光合效率,造成倒伏或者贪青晚熟,也会造成减产。相关学者(毛洪霞,2007;孙丹丹等,2012;葛宇等,2011)研究证实,水分不足或过量均会对产量及其构成造成不良的影响。赵晶云等(2017)研究表明,大豆花荚期灌水时产量随着灌水量的增加呈先增后减的趋势。汪昌树等(2016)研究表明,不同灌溉定额对膜下滴灌棉花的生长有显著影响,对棉花产量有一定的影响。冯振秀等(2015)研究表明,不同灌水量处理皮棉产量无显著区别,用较低的灌水量(4 200 $m^3 \cdot hm^{-2}$)可以达到同样的产量水平。Karam 等(2006)研究表明,随着灌水量的增加,棉花产量降低。周丽丽等(2017)研究表明,小麦水分利用效率有随着灌溉定额增加而降低的趋势。王军等(2016)研究表明,棉花的水分生产率随着灌水量的增加而减小。

本研究也表明,揭膜后增加灌溉造成了减产,灌溉水利用效率显著降低(表10-4)。

　　王允(2016)研究发现,水分亏缺条件下棉花纤维上半部平均长增加,马克隆值则在轻度水分亏缺下降低。本研究发现,揭膜后增加灌溉降低了上半部平均长度,但提高了马克隆值和伸长率(表 10-5)。

　　前人研究成果多集中在同一栽培条件下,研究不同灌水量以及水与肥的互作对棉花生理、产量及品质的研究。对前面覆膜、后面揭除地膜这种栽培环境变化了的基础上,不同灌溉定额对棉花生产的影响研究的很少。水分只是影响棉花生长的一个重要因素,在新疆这种水资源短缺及水肥一体化技术大面积应用条件下,对于前面覆膜后面揭膜生长环境发生变化的前提下,不同肥料用量与水分的互作,以及在灌溉定额一定时,灌溉频率如何调整,应该是下一步研究的重点。

4　小结

　　揭膜后增加灌水可以促进棉花的生长,提高 LAI,较少 DIFN,但 LAD 没有提高,依然是 CK 处理最高。揭膜后增加灌水可以改善冠层结构,提高光能截获率。在降雨正常年份,可以显著提高棉花的净同化率。揭膜后增加灌水可以提高生育后期的光合性能,降低瞬时水分利用效率,提高开花初期的潜在水分利用效率和气孔限制值,降低开花初期提高开花后期新陆早 45 号的叶片光能利用率。揭膜后增加灌水可以推迟干物质最大积累速率出现的时间。揭膜后增加灌水可以提高新陆早 42 号干物质最大积累量、最大干物质积累速率以及直线增长期的干物质积累量,而新陆早 45 号上述 3 项指标则是 T1 处理最高。揭膜后增加灌水在降雨正常年份可以增加各器官干物质的积累量,在多雨年份,减少了生殖器官中干物质的积累。从干物质在棉株各器官中的分配来看,揭膜后增加灌水在 2 a 间均减少了同化产物往生殖器官分配的比例,在多雨年份,增大了同化产物往根、茎秆、叶片中的分配比例。揭膜后增加灌溉产量降低,灌溉水利用效率显著降低。降低了纤维上半部平均长度,但提高了马克隆值和伸长率;揭膜后适当增加灌溉量(W1 处理)在降雨正常年份可以提高断裂比强度及整齐度指数,降低短纤维指数。

第 11 章　研究结论、创新点及展望

1　研究结论

　　覆盖地膜在出苗 50 d 以内具有增温效应,此后揭除地膜能提高土壤日平均温度,加大日平均温差;揭膜处理减少了 0～60 cm 土层土壤的水分含量,在降雨正常年份,抑制盐分的累积;揭膜处理增加了 0～50 cm 土层土壤的有机质、全磷及速效钾含量,对棉花各器官养分积累的影响因年份不同(主要是降雨和灌水量不同)而异;揭膜能提高棉花开花后期的净光合速率,提高开花中后期的蒸腾速率,提高 ETR 及 ETR_{max},适期揭膜(雨水偏多年份在第 1 次灌水前揭膜,而在降雨较正常年份,则在第 2 次灌溉前揭除地膜)可以提高植株对强光的耐受能力;早揭膜(T10 处理)可以提高棉花收获期 Pro 含量,揭膜处理提高了生育后期叶片的 SOD 活性。除了新陆早 42 号的初花期,揭膜处理可以提高不同生育期棉花叶片的 CAT 活性;适期揭膜有利于干物质积累、增加 RLD、提高纤维品质并创造高产,但过早揭膜却对干物质积累及产量不利。在干旱年份,揭膜亦能增加 RSD 和 RVD;揭膜后增加灌水量可以改善冠层结构,显著提高 NAR,提高生育后期的光合性能,但产量及灌溉水利用效率显著降低。

　　综上所述,棉花对地膜覆盖的增温保湿作用最少需维持 50 d,在此之前,揭除地膜会严重影响棉花生长发育,在此之后,根据每年气候不同,在出苗后第 1 次或第 2 次灌溉前揭除地膜,棉花经过前期的胁迫锻炼,有利于根系的构建和后期光合作用,将光合产物更多地分配到生殖器官中,提高棉花产量。揭膜后增加灌溉量可使冠层结构得以改善,但产量及灌溉水利用效率并没有提高。

2　创新点

　　本研究抓住新疆棉花生产中存在的重大问题,较全面地研究了揭膜后引起的土壤微环境的变化、根系发育动态和空间构型变化及地上部响应机制,将地下部研究与地上部研究相结合,将生理研究与生态研究相结合,系统阐述了生育期内不同时期揭膜对膜下滴灌条件下棉花生理及棉田生态的影响机制。

　　明确最佳揭膜时间后,研究不同灌水量对揭膜条件下棉花生长发育、产量形成及水分利用效率的影响,为棉花揭膜后的水肥调控技术提供理论依据。对于棉田残膜污染治理,促进棉花产业可持续发展具有重大现实意义。

3　展望

　　本研究指出,在棉花生长初期,揭膜会降低土壤的温度,在降雨正常年份,降低了 0～60 cm 土层的含水量。在棉花生长的初期,主要以生殖生长为主,此阶段对棉花花芽分化至关重要,在此阶段土壤温度的降低和水分的胁迫可能对棉花造成了不可逆的损伤。在

棉花开始灌水后,此时棉花基本属于蕾期,是生殖生长往营养生长过渡的阶段,此时开始增加灌水量,确实对棉花的生长起到了促进作用,光合能力提高,生物产量显著提高,但对产量起关键作用的铃数、铃重等因素可能在灌水前已经确定,后期增加灌水仅仅是促进了棉花生物量的增加,而恰恰是棉花植株生长的茂盛,可能造成了棉花的贪青晚熟,对产量造成负面的影响。因此,在揭膜后棉花的水肥管理上,可能不仅仅是单纯的增加灌水这么简单。

在本研究中,相同的揭膜处理,在降雨量不同的年份,对棉田生态和棉花生长所表现出的效应完全不同。在多雨年份,揭膜有利于棉花的生长和对养分的吸收,尤其是在生长初期表现得最明显。研究中发现,降雨正常年份(2017 年),水分状况对光合影响更大。而在降雨较多年份(2016 年),光合作用则主要取决于光能利用率。滴灌条件下,水可以得到及时而充足的供应,之所以出现不同降雨年份揭膜的效应不同,可能不仅仅是揭膜本身的问题,而是揭膜后水分能否及时供应的问题,亦即揭膜后灌水频率及灌溉量应做相应调整,而本试验中,恰恰所有的处理灌水时间及频率是一样的,水分处理也仅仅是在同一次灌溉中增加了灌水量而已。出现上述问题,可能是因为揭膜后水分供应不足以及不及时,显著影响棉花的光合系统,使其受到伤害,即使在后期增加灌溉,对产量的增加也无济于事。

本试验中,大多数年份产量最高的揭膜处理是第 2 次灌水前揭除地膜,因此,从理论上讲,尽可能地延迟揭膜的时间,使地膜的增温保墒作用尽可能地延长,在此之后再揭除地膜,发挥揭膜在增加土壤通透性和养分活性、促进根系生长和植株光合及吸收养分的能力方面的有益作用,既消除了残膜污染,又促进了棉花增产。但是,综合考虑机械操作及减少棉花机械损伤等方面的因素,灌水前地膜韧性较强,而且因为没有灌溉,地膜也没有粘连在地表,在此时揭除地膜是最有利于机械操作的。每年棉花第 1 次灌溉的时间是根据棉花的长势来确定的,不可能为延长地膜铺设的时间而推后灌水的时间,因此,在棉花生长季节揭除地膜可行的方案为在第 1 次灌溉前揭除地膜,此后,棉花的水肥运筹应该做进一步的调整,尽可能地减弱揭膜带来的负面效应,最大限度地发挥揭膜的正面效应,使得在消除残膜污染的同时,不管天气因素如何变化,尽量做到不减产甚至增产,这样才能有利于此项技术的推广。而棉花揭膜后的水肥运筹方案,也是笔者下一步研究的重点。

参 考 文 献

[1] 蔡葆,肖灼钦,白栋才.我国甜菜地膜覆盖栽培研究现状及展望[J].中国甜菜,1988(3):12-17.

[2] 蔡昆争,骆世明,方祥.水稻覆膜旱作对根叶性状、土壤养分和土壤微生物活性的影响[J].生态学报,2006(6):1903-1911.

[3] 蔡利华,陈玲,贡万辉,等.滴灌棉田根系与土壤氮磷钾养分的分布特征[J].中国土壤与肥料,2015(2):44-48.

[4] 曹卫星,郭文善,王龙俊,等.小麦品质生理生态及调优技术[M].北京:中国农业出版社,2005:93-99.

[5] 曹雪敏.覆膜和施肥对坝地土壤养分及玉米增产效应的研究[D].兰州:甘肃农业大学,2015.

[6] 柴守玺,杨长刚,张淑芳,等.不同覆膜方式对旱地冬小麦土壤水分和产量的影响[J].作物学报,2015,41(5):787-796.

[7] 陈建明,俞晓平,程家安.叶绿素荧光动力学及其在植物抗逆生理研究中的应用[J].浙江农业学报,2006,18(1):51-55.

[8] 陈军.地膜覆盖对烤烟生长发育和养分吸收的影响[D].长沙:湖南农业大学,2003.

[9] 陈军胜.华北平原免耕冬小麦田土壤水热特征及其对冬小麦生长发育影响研究[D].北京:中国农业大学,2005.

[10] 陈懿,邱雪柏,梁贵林,等.覆盖方式对上部烟叶质量的影响[J].湖北农业科学,2016,55(19):5141-5143,5147.

[11] 崔静,王宏伟,王怀旭,等.不同配置滴灌棉田土壤水分变化研究[J].安徽农业科学,2010,38(33):18795-18797.

[12] 崔良基,王德兴,宋殿秀,等.不同向日葵品种群体光合生理参数及产量比较[J].中国油料作物学报,2011,33(2):147-151.

[13] 丁红,张智猛,戴良香,等.不同抗旱性花生品种的根系形态发育及其对干旱胁迫的响应[J].生态学报,2013,33(17):5169-5176.

[14] 董合干,刘彤,李勇冠,等.新疆棉田地膜残留对棉花产量及土壤理化性质的影响[J].农业工程学报,2013,29(8):91-99.

[15] 董合忠,李维江,苗兴武.盐碱地深播覆膜的生态效应及对棉花成苗和产量的影响[J].棉花学报,2011,23(2):121-126.

[16] 董钻,宾郁泉,孙连庆.大豆品种生产力的比较研究[J].沈阳农学院报,1979(1):37-47.

[17] 杜青青,陈岭.丝素蛋白微膜对花瓣生理影响分析研究[J].广州化工,2014,42(24):68-69.

[18] 杜长玉,袁仲贤,金英.覆膜玉米揭膜效果好[J].现代农业,1989(10):13.

[19] 樊廷录,李永平,李尚中,等.旱作地膜玉米密植增产用水效应及土壤水分时空变化[J].中国农业科学,2016,49(19):3721-3732.

[20] 范志超.不同时期非充分滴灌对棉花光合生产及产量、品质影响的研究[D].乌鲁木齐:新疆农业大学,2013.

[21] 方怡向,赵成义,串志强,等.膜下滴灌条件下水分对棉花根系分布特征的影响[J].水土保持学报,2007,21(5):96-100,200.

[22] 冯斌,王学农,陈发.残膜回收技术与机具的发展[J].新疆农机化,2003(4):58-59.

[23] 冯倩.不同覆膜栽培对晋南旱塬小麦产量及水肥利用的影响[D].太原:山西农业大学,2013.

[24] 冯振秀,李安,夏红斌.博州垦区棉花膜下滴灌不同用水量对植株性状和产量的影响[J].现代农业科技,2015(18):26,31.

[25] 葛均筑,徐莹,袁国印,等.覆膜对长江中游春玉米氮肥利用效率及土壤速效氮素的影响[J].植物营养与肥料学报,2016,22(2):296-306.

[26] 葛宇,何新林,王振华,等.不同灌水量对滴灌复播大豆生长及产量的影响[J].石河子大学学报:自然科学版,2011,29(3):357-360.

[27] 谷晓博,李援农,杜娅丹,等.不同种植和覆膜方式对冬油菜出苗及苗期生长状况的影响[J].中国农村水利水电,2016(9):10-17,23.

[28] 郭文琦.花铃期渍水下氮素影响棉花(Gossypium hirsutum L.)产量形成的生理机制研究[D].南京:南京农业大学,2009.

[29] 贺国强.栽培措施对烤烟叶片结构和生理特性的影响[D].哈尔滨:东北林业大学,2008.

[30] 贺怀杰,王振华,郑旭荣,等.水氮耦合对膜下滴灌棉花生长及产量的影响[J].新疆农业科学,2017(11):1983-1989.

[31] 贺润喜,王玉国,赵金鱼.不同生育期揭膜对旱地地膜覆盖玉米生理性状和产量的影响[J].山西农业大学学报,1999(1):19-21,31,92-93.

[32] 侯晓燕,王凤新,康绍忠,等.西北旱区民勤绿洲滴灌马铃薯揭膜效应研究[J].干旱地区农业研究,2008,26(4):88-92.

[33] 胡宏昌,张治,田富强,等.新疆绿洲棉田盐分及作物生长对灌溉方式的响应[J].清华大学学报:自然科学版,2016,56(4):373-380.

[34] 胡守林,郑德明,邓成贵,等.不同耕作方式棉花根系发育能力的研究[J].水土保持研究,2006,13(6):115-116,119.

[35] 胡晓棠,陈虎,王静,等.不同土壤湿度对膜下滴灌棉花根系生长和分布的影响[J].中国农业科学,2009,42(5):1682-1689.

[36] 胡晓棠,李明思.膜下滴灌对棉花根际土壤环境的影响研究[J].中国生态农业学报,2003,11(3):121-123.

[37] 胡晓棠.滴灌棉田根区土壤水热气环境及对根系生长的影响[D].石河子:石河子大学,2007.

[38] 虎胆·吐马尔白,弋鹏飞,王一民,等.干旱区膜下滴灌棉田土壤盐分运移及累积特征研究[J].干旱地区农业研究,2011,29(5):144-150.

[39] 黄强,殷志刚,田长彦,等.两种覆盖方式下的土壤溶液盐分含量变化[J].干旱区地理,2001(1):52-56.

[40] 简桂良,张永军,卢美光,等.吨棉——我国棉花超高产的新思维[J].高科技与产业化,2007(11):90-91.

[41] 蒋耿民,李援农,周乾.不同揭膜时期和施氮量对陕西关中地区夏玉米生理生长、产量及水分利用效率的影响[J].植物营养与肥料学报,2013,19(5):1065-1072.

[42] 蒋锐,郭升,马德帝.旱地雨养农业覆膜体系及其土壤生态环境效应研究[J].中国生态农业学报,2018,26(3):317-328.

[43] 蒋文昊.不同灌水量对起垄覆膜烤烟生长发育及其产量影响的研究[D].杨陵:西北农林科技大学,2011.

[44] 解卫海,马淑杰,祁琳,等.Na^+吸收对干旱导致的棉花叶片光合系统损伤的缓解作用[J].生态学报,2015,35(19):6549-6556.

[45] 孔星隆.对棉花不同生育期揭膜的认识[J].新疆农垦科技,1992,3(1):30.

[46] 李保成,李生秀,周小凤,等.棉花—新陆早42号[J].新疆农垦科技,2009,32(3):53-54.

[47] 李彩霞,孙景生,周新国,等.隔沟交替灌溉条件下玉米根系形态性状及结构分布[J].生态学报,2011,31(14):3956-3963.

[48] 李杰,张洪程,常勇,等.高产栽培条件下种植方式对超级稻根系形态生理特征的影响[J].作物学报,2011,37(12):2208-2220.

[49] 李君,吕军,刘晓伟,等.揭膜时期对土壤水、盐运移及棉花产量的影响[J].西北农业学报,2016,25(9):1327-1332.

[50] 李利利,王朝辉,王西娜,等.不同地表覆盖栽培对旱地土壤有机碳、无机碳和轻质有机碳的影响[J].植物营养与肥料学报,2009,15(2):478-483.

[51] 李平,张永江,刘连涛,等.水分胁迫对棉花幼苗水分利用和光合特性的影响[J].棉花学报,2014,26(2):113-121.

[52] 李倩,刘景辉,张磊,等.覆盖和保水剂对马铃薯的形态特征和质膜透性的影响[J].干旱地区农业研究,2010,28(6):177-182.

[53] 李秋洪.论农田"白色污染"的防治技术[J].农业环境与发展,1997(2):17-19.

[54] 李少昆,王崇桃,汪朝阳,等.北疆高产棉花根系生长规律的研究 I 根系的构型与动态建成[J].石河子大学学报:自然科学版,1999(S1):15-25.

[55] 李少昆,王崇桃,张旺锋,等.北疆高产棉花根系生长规律的研究 II 栽培措施对根系及地上部生长的影响[J].石河子大学学报:自然科学版,1999(S1):26-30.

[56] 李生秀,张占琴,魏建军.不同覆膜方式对棉花生长的影响[J].新疆农业科学,2010,47(6):1218-1223.

[57] 李永山,冯亚平,郭美丽,等.棉花根系的生长特性及其与栽培措施和产量关系的研究 I 棉花根系的生长和生理活性与地上部分的关系[J].棉花学报,1992,4(1):49-56.

[58] 李永育,张秀衢,张一帆,等.不同揭膜时间对高肥力烟田烟株养分吸收和烤后烟叶质量的影响[J].中国农学通报,2014,30(19):161-166.

[59] 李玉玲,张鹏,张艳,等.旱区集雨种植方式对土壤水分、温度的时空变化及春玉米产量的影响[J].中国农业科学,2016,49(6):1084-1096.

[60] 李元桥.残留地膜对土壤水氮运移及作物苗期根系的影响[D].北京:中国农业科学院,2016.

[61] 李志刚,叶含春,肖让.不同灌水量对棉花光合特性的影响[J].广东农业科学,2013,40(22):14-17,29.

[62] 李忠杰.可控降解地膜应用现状及发展前景[J].环境科学与管理,2006(2):56-57.

[63] 梁志宏,王勇.我国农田地膜残留危害及防治研究综述[J].中国棉花,2012,39(1):3-8.

[64] 刘国顺,位辉琴,杨兴有,等.不同覆膜期限对烟田土壤含水率及氮、磷、钾含量的影响[J].水土保持学报,2006(4):72-76.

[65] 刘洪亮,褚贵新,赵风梅,等.北疆棉区长期膜下滴灌棉田土壤盐分时空变化与次生盐渍化趋势分析[J].中国土壤与肥料,2010(4):12-17.

[66] 刘建国,李彦斌,张伟,等.绿洲棉田长期连作下残膜分布及对棉花生长的影响[J].农业环境科学学报,2010,29(2):246-250.

[67] 刘敏.可生物降解地膜的应用效果及其降解机理研究[D].北京:中国矿业大学(北京),2011.

[68] 刘铭,吴良欢.覆膜旱作稻田土壤有效 N、P、K 及盐分分层变化研究[J].土壤通报,2004(5):570-573.

[69] 刘瑞显,王友华,陈兵林,等.花铃期干旱胁迫下氮素水平对棉花光合作用与叶绿素荧光特性的影响[J].作物学报,2008,34(4):675-683.

[70] 刘胜尧,李志宏,张立峰,等.覆膜对华北春玉米磷钾吸收、分配及水分利用率的影响[J].水土保

持学报,2014,28(4):97-103.

[71] 刘胜尧,张立峰,贾建明,等.华北旱地覆膜对春甘薯田土壤温度和水分的效应[J].江苏农业科学,2015(3):287-292.

[72] 刘胜尧,张立峰,李志宏,等.华北旱地覆膜春玉米田水温效应及增产限制因子[J].应用生态学报,2014(11):3197-3206.

[73] 卢存福,贲桂英.高海拔地区植物的光合特性[J].植物学通报,1995(2):38-42,56.

[74] 路兴花,吴良欢,庞林江,等.连续覆膜旱作稻氮、磷、钾养分分布特征探讨[J].土壤通报,2010,41(1):145-149.

[75] 罗宏海,韩焕勇,张亚黎,等.干旱和复水对膜下滴灌棉花根系及叶片内源激素含量的影响[J].应用生态学报,2013,24(4):1009-1016.

[76] 罗宏海,朱建军,赵瑞海,等.膜下滴灌条件下根区水分对棉花根系生长及产量的调节[J].棉花学报,2010,22(1):63-69.

[77] 吕丽红,王俊,凌莉,等.半干旱地区地膜覆盖、底墒和氮肥对春小麦根系生长的集成效应[J].西北农林科技大学学报:自然科学版,2003,31(3):102-105.

[78] 吕丽华,赵明,赵久然,等.不同施氮量下夏玉米冠层结构及光合特性的变化[J].中国农业科学,2008,41(9):2624-2632.

[79] 吕新,张伟,王登伟,等.棉花冠层对不同灌水量的反应[J].棉花学报,2004(1):21-25.

[80] 马京民,马聪.覆盖栽培对烤烟叶绿素、酶活性及丙二醛含量的影响[J].中国农学通报,2006(11):169-172.

[81] 马献发,宋凤斌,张继舟.根系对土壤环境胁迫响应的研究进展[J].中国农学通报,2011,27(5):44-48.

[82] 毛洪霞.不同水分处理对滴灌大豆生长及产量的影响[J].耕作与栽培,2007(6):9-11.

[83] 毛树春,李亚兵,冯璐,等.新疆棉花生产发展问题研究[J].农业展望,2014,10(11):43-51.

[84] 孟兆江,段爱旺,王晓森,等.调亏灌溉对棉花根冠生长关系的影响[J].农业机械学报,2016(4):99-104.

[85] 明道绪.高级生物统计[M].北京:中国农业出版社,2006:19-20.

[86] 牟洪臣,虎胆·吐马尔白,苏里坦,等.干旱地区棉田膜下滴灌盐分运移规律[J].农业工程学报,2011,28(7):18-22.

[87] 南殿杰,解红娥,李燕娥,等.覆盖光降解地膜对土壤污染及棉花生育影响的研究[J].棉花学报,1994(2):103-108.

[88] 宁新柱,邓福军,林海,等.早熟陆地棉新品种—新陆早45号[J].中国棉花,2011,38(1):27.

[89] 牛生和,王华兵,朱环元.克拉玛依生态农业区揭膜对棉花生长的影响[J].新疆农垦科技,2007(5):14-15.

[90] 鹏飞,虎胆·吐马尔白,吴争光,等.棉田膜下滴灌年限对土壤盐分累积的影响研究[J].水土保持研究,2010(5):118-122.

[91] 平文超,张永江,刘连涛,等.棉花根系生长分布及生理特性的研究进展[J].棉花学报,2012,24(2):183-190.

[92] 齐智娟,冯浩,张体彬,等.河套灌区不同覆膜方式膜下滴灌土壤盐分运移研究[J].水土保持学报,2017,31(2):301-308.

[93] 秦舒浩,王东,张俊莲,等.沟垄覆膜连作种植对马铃薯田土壤速效养分及产量的影响[J].甘肃农业大学学报,2014,49(5):58-62.

[94] 邱临静.不同栽培模式和施肥方法对冬小麦碳、氮等养分吸收与动员的影响[D].杨陵:西北农林

科技大学,2007.

[95] 桑丹丹,高聚林,王志刚,等.不同覆膜方式下超高产春玉米花粒期叶片衰老特性研究[J].玉米科学,2009,17(5):77-81.

[96] 邵春琴.不同覆膜条件下膜下滴灌棉田土壤水盐运移规律研究[D].石河子大学,2013.

[97] 沈新磊,黄思光,王俊,等.半干旱农田生态系统地膜覆盖模式和施氮对小麦产量和氮效率的效应[J].西北农林科技大学学报:自然科学版,2003,31(1):1-14.

[98] 司转运,高阳,刘浩,等.水氮对滴灌夏棉生长特性和产量的影响[J].灌溉排水学报,2016,35(6):19-25.

[99] 宋秋华,李凤民,王俊,等.覆膜对春小麦农田微生物数量和土壤养分的影响[J].生态学报,2002(12):2125-2132.

[100] 孙丹丹,张忠学.滴灌大豆不同灌水量的产量与水分效应分析[J].东北农业大学学报,2012,43(5):100-104.

[101] 孙仕军,樊玉苗,许志浩,等.东北雨养区地膜覆盖条件下种植密度对玉米田间土壤水分和产量的影响[J].生态学杂志,2014,33(10):2650-2655.

[102] 汤建.膜下滴灌揭膜及残膜回收探讨[J].现代农业科技,2014(8):185,193.

[103] 唐洪其,石泰福,吴全根,等.降解地膜的应用与前景[J].当代生态农业,1999(Z2):42-44.

[104] 唐薇,罗振,温四民,等.干旱和盐胁迫对棉苗光合抑制效应的比较[J].棉花学报,2007,19(1):28-32.

[105] 万晓.高矿化度灌溉水磁化处理对绒毛白蜡和桑树生长及光合特性影响[D].泰安:山东农业大学,2015.

[106] 汪昌树,杨鹏年,姬亚琴,等.不同灌水下限对膜下滴灌棉花土壤水盐运移和产量的影响[J].干旱地区农业研究,2016,34(2):232-238.

[107] 汪景宽,张继宏,须湘成.地膜覆盖对土壤有机质转化的影响[J].土壤通报,1990(4):189-193.

[108] 王彩绒,田霄鸿,李生秀.覆膜集雨栽培对冬小麦产量及养分吸收的影响[J].干旱地区农业研究,2004(2):108-111.

[109] 王春霞.不同水分处理下棉株生理特性及根系生长分布研究[D].太原:太原理工大学,2007.

[110] 王海江,崔静,李军龙,等.绿洲滴灌棉田土壤养分空间变异性研究[J].湖北农业科学,2009,48(7):1602-1612.

[111] 王建勋,庞新安,伍维模,等.新疆阿拉尔垦区棉花种植气候生产潜力分析[J].干旱区研究,2006,23(4):623-626.

[112] 王军,李久生,关红杰.北疆膜下滴灌棉花产量及水分生产率对灌水量响应的模拟[J].农业工程学报,2016,32(3):62-68.

[113] 王可玢,许春辉,赵福洪,等.水分胁迫对小麦旗叶某些体内叶绿素 a 荧光参数的影响[J].生物物理学报,1997,13(2):273-278.

[114] 王庆美.紫甘薯产量和品质形成生理机制及对弱光、地膜覆盖响应研究[D].泰安:山东农业大学,2007.

[115] 王荣栋,曹连蒲,吕新.麦类作物栽培育种研究[M].乌鲁木齐:新疆科技卫生出版社,2002:79-83.

[116] 王瑞,刘国顺,毕庆文,等.不同海拔下全程覆膜对烤烟光合功能和产量、质量的影响[J].生态学杂志,2010,29(1):43-49.

[117] 王涛,刘珩.3 种枸杞品种抗寒性机理研究[J].防护林科技,2016(11):42-44.

[118] 王秀康,李占斌,邢英英.覆膜和施肥对玉米产量和土壤温度、硝态氮分布的影响[J].植物营养

与肥料学报,2015(4):884-897.

[119] 王永珍,刘润堂,张剑国.地膜覆盖导致番茄早衰的生理机制研究[J].山西农业大学学报:自然科学版,2004(1):60-62.

[120] 王允.不同生育期水分亏缺对盆栽棉花生长发育的影响[D].武汉:华中农业大学,2016.

[121] 王允喜,李明思,魏闯,等.毛管间距对膜下滴灌棉花根系及植株生长的影响[J].灌溉排水学报,2012,29(1):68-72.

[122] 王振华,杨培岭,郑旭荣,等.膜下滴灌系统不同应用年限棉田根区盐分变化及适耕性[J].农业工程学报,2014,30(4):90-99.

[123] 危常州,马富裕,雷咏雯,等.棉花膜下滴灌根系发育规律的研究[J].棉花学报,2002,14(4):209-214.

[124] 夏智汛,张燕.地膜棉灌前揭膜与膜上灌水比较试验[J].新疆农垦科技,1994(2):33

[125] 肖光顺,李保成,董承光.揭膜对膜下滴灌早熟陆地棉生理指标的影响[J].中国棉花,2009,7(15):18-19.

[126] 肖明,钟俊平,李保成,等.棉田地膜覆盖增温效应和规律及对 GOSSYM 模型的修改[J].新疆农业大学学报,1997,20(4):32-39.

[127] 谢海霞,何帅,周建伟,等.灌溉量及滴灌管埋深对无膜地下滴灌棉花产量的影响[J].灌溉排水学报,2012,31(2):134-136.

[128] 谢志良,田长彦,卞卫国,等.施氮对棉花苗期根系分布和养分吸收的影响[J].干旱区研究,2010,27(3):374-379.

[129] 宿俊吉,邓福军,林海,等.揭膜对陆地棉根际温度、各器官干物质积累和产量、品质的影响[J].棉花学报,2011,23(2):172-177.

[130] 宿俊吉,宁新柱,林海,等.揭膜对棉田土壤温度、棉花产量及环保的影响[J].西北农业学报,2011,20(3):90-94.

[131] 徐建伟,张小均,李志博,等.大田干旱环境不同基因型棉花幼苗光合性能差异的初步研究[C]//中国农学会棉花分会.2017 年年会暨第九次会员代表大会论文汇编,2017:103.

[132] 许大全,张玉忠,张荣铣.植物光合作用的光抑制[J].植物生理学通讯,1992,28(4):237-243

[133] 许大全.光合作用测定及研究中一些值得注意的问题[J].植物生理学通讯,2006,42(6):1163-1167.

[134] 薛惠云,张永江,刘连涛,等.干旱胁迫与复水对棉花叶片光谱、光合和荧光参数的影响[J].中国农业科学,2013,46(11):2386-2393.

[135] 薛丽华,谢小清,段丽娜,等.滴灌次数对冬小麦根系生长及时空分布的影响[J].干旱地区农业研究,2014,32(6):1-9.

[136] 闫映宇,盛钰,冯省利,等.膜下滴灌的土壤水分对棉花根长密度分布及产量的影响[J].灌溉排水学报,2008,27(5):45-47.

[137] 严昌荣,王序俭,何文清,等.新疆石河子地区棉田土壤中地膜残留研究[J].生态学报,2008,28(7):3470-3474.

[138] 杨鹏年,董新光,刘磊,等.干旱区大田膜下滴灌土壤盐分运移与调控[J].农业工程学报,2011,27(12):90-95.

[139] 杨荣,田长彦,买文选.新疆膜下滴灌棉花早衰的根系生长发育特征[J].植物营养与肥料学报,2016(5):1384-1392.

[140] 杨相昆,张占琴,田海燕,等.保护性耕作对北疆麦后复种青贮玉米田地温和作物生长的影响[J].干旱地区农业研究,2015,33(5):52-57.

[141] 杨志晓,杨铁钊,张小全,等.不同覆盖方式对烤烟生理特性及产量、品质的影响[J].土壤通报, 2010,41(2):420-424.

[142] 弋鹏飞,虎胆·吐马尔白,吴争光,等.棉田膜下滴灌年限对土壤盐分累积的影响研究[J].水土保持研究,2010(5):118-122.

[143] 于永梅,张伟,周振江.玉米大垄行间覆膜适宜揭膜期试验研究[J].玉米科学,2006(S1):104-105,107.

[144] 余叔文,汤章城.植物生理与分子生物学[M].北京:科学出版社,1998.

[145] 鱼欢.施氮量、氮源及栽培模式对小麦、玉米生理特性及产量的影响[D].杨陵:西北农林科技大学,2009.

[146] 占东霞.棉花冠层叶片与非叶绿色器官光合能力的空间变化及对水分响应的生理机制[D].石河子:石河子大学,2014.

[147] 张建军,樊廷录,党翼,等.揭膜时期和施氮量对陇东旱塬春玉米群体生理指标及产量的影响[J].中国土壤与肥料,2016(4):90-96.

[148] 张剑国,杜素惠,王永珍,等.地膜覆盖导致早甘蓝早衰的生理机制初探[J].中国蔬菜,1995(5):1-3.

[149] 张俊业.初花期揭膜有利于棉花优质高产[J].中国棉花,1986,4(1):37.

[150] 张鹏.不同覆膜种植方式对冬小麦生理指标及产量的影响[D].杨陵:西北农林科技大学,2012.

[151] 张权中,唐勇,董合林.棉田不同地膜覆盖度的效应研究[J].中国棉花,2003,27(2):13-15.

[152] 张守仁,高荣孚.光胁迫下杂种杨无性系光合生理生态特性的研究[J].植物生态学报,2000(5):528-533.

[153] 张守仁.叶绿素荧光动力学参数的意义及讨论[J].植物学通报,1999(4):444-448.

[154] 张旺锋,勾玲,王振林,等.氮肥对新疆高产棉花叶片叶绿素荧光动力学参数的影响[J].中国农业科学,2003,36(8):893-898.

[155] 张旺锋,任丽彤,王振林,等.膜下滴灌对新疆高产棉花光合特性日变化的影响[J].中国农业科学,2003,36(2):159-163.

[156] 张宪政.植物叶绿素含量测定——丙酮乙醇混合液法[J].辽宁农业科学,1986(3):26-28.

[157] 张向前,曹承富,乔玉强,等.砂姜黑土小麦根系性状与冠层光合对不同灌水方式的响应[J].中国农业科学,2015,48(8):1506-1517.

[158] 张燕,李天飞,宗会,等.几项栽培措施对香料烟生长及产质量的影响[J].中国烟草学报,2004(6):18-23.

[159] 张悦,刘修堂,王涛,等.几种杀虫剂对烟草幼苗叶绿素含量的影响[J].农药科学与管理,2012,33(5):55-58.

[160] 张占琴,魏建军,杨相昆,等.揭膜对土壤温湿度及棉花根系发育的影响[J].干旱地区农业研究,2016,34(2):55-61.

[161] 张铮,钱宝云,程晓庆,等.胺鲜酯和镉对蓖麻幼苗光合生理特性的影响[J].核农学报,2011,25(3):602-608,587.

[162] 赵会杰,邹琦,于振文.叶绿素荧光分析技术及其在植物光合机理研究中的应用[J].河南农业大学学报,2000,34(3):248-251.

[163] 赵晶云,任小俊,刘小荣,等.灌水时期及灌水量对大豆产量及产量因子的影响[J].中国农学通报,2017,33(33):9-15.

[164] 赵丽英,邓西平,山仑.不同水分处理下冬小麦旗叶叶绿素荧光参数的变化研究[J].中国生态农业学报,2007,15(1):63-66.

［165］ 赵玺.不同揭膜时间对夏玉米生长及产量的影响研究［D］.杨陵：西北农林科技大学,2015.

［166］ 赵晓东,谢英荷,李廷亮,等.覆膜对晋南旱地冬小麦土壤水分及速效养分含量的影响［J］.山西农业大学学报：自然科学版,2015,35(3):262-265,289.

［167］ 赵永成,虎胆·吐马尔白,马合木江·艾合买提,等.北疆常年膜下滴灌棉田土壤盐分年内及年际变化特征研究［J］.干旱地区农业研究,2015,33(5):130-134,162.

［168］ 赵永敢,王婧,李玉义,等.秸秆隔层与地覆膜盖有效抑制潜水蒸发和土壤返盐［J］.农业工程学报,2013,29(23):109-117.

［169］ 郑淑霞,上官周平.8种阔叶树种叶片气体交换特征和叶绿素荧光特性比较［J］.生态学报,2006,26(4):1080-1087.

［170］ 周丽丽,薛彬,孟范玉,等.喷灌定额和灌水频次对冬小麦产量及品质的影响分析［J］.农业机械学报,2018,49(1):235-243.

［171］ 周丽敏.黄土高原双垄覆膜和地槽集水技术对土壤水温、土壤养分及作物产量的影响［D］.兰州：兰州大学,2009.

［172］ 朱继杰,赵红霞,朵兰军,等.不同时期揭膜对棉花花铃期生长发育及产量的影响［J］.农业科技通讯,2013(10):135-137.

［173］ 朱维琴,吴良欢,陶勤南.作物根系对干旱胁迫逆境的适应性研究进展［J］.土壤与环境,2002,11(4):430-433.

［174］ 朱友娟,郑德明,姜益娟.新疆棉田膜下滴灌方式下土壤水分运移变化规律研究［J］.新疆农业科学,2007,44(5):613-618.

［175］ Abd El-Mageed T A,Semida W M,Abd El-Wahed M H. Effect of mulching on plant water status,soil salinity and yield of squash under summer-fall deficit irrigation in salt affected soil［J］. Agricultural Water Management,2016,173:1-12.

［176］ Adhikari R,Bristow K L,Casey P S,et al. Preformed and sprayable polymeric mulch film to improve agricultural water use efficiency［J］. Agricultural Water Management,2016,160:1-13.

［177］ Adiku S G K,Braddock R D,Rose C W. Modelling the effect of varying soil water on root growth dynamics of annual crops［J］. Plant and Soil,1996,185:125-135.

［178］ Ahsan N,Lee D G,Lee S H,et al. A proteomic screen and identification of waterlogging -regulated proteins in tomato roots ［J］. Plant Soil,2007,295:37-51.

［179］ AI-Assir I A,Rubeiz I G,Khoury R Y. Response of fall greenhouse COS lettuce to clear mulch and nitrogen fertilizer［J］. J. Plant Nutr. ,1991,14(10):1017-1022.

［180］ Anbessa Y,Bejiga G. Evaluation of Ethiopian chickpea landraces for tolerance to drought［J］. Genetic Resources and Crop Evolution,2002,49:557-564.

［181］ Andersson S,Ingvar N S. Influence of pH and temperature on microbial activity,substrate availability of soil-solution bacteria and leaching of dissolved organic carbon in a morhumus［J］. Soil Biology and Biochemistry,2001,33(9):1181-1191.

［182］ Anikwe M A N. ,Mbah C N,Ezeaku P I,et al. Tillage and plastic mulch effects on soil properties and growth and yield of cocoyam (Colocasia esculenta) on an ultisol in southeast Nigeria ［J］. Soil & Tillage Researrch,2007,93:264-272.

［183］ Baghbani-Arani A,Modarres-Sanavy S A M,Mashhadi-Akbar-Boojar M,et al. Towards improving the agronomic performance,chlorophyll fluorescence parameters and pigments in fenugreek using zeolite and vermicompost under deficit water stress［J］. Industrial Crops and Products,2017,15:346-357.

[184] Bai J,Wang J,Chen X,et al. Seasonal and inter-annual variations in carbon fluxes and evapotranspiration over cotton field under drip irrigation with plastic mulch in an arid region of Northwest China[J]. Journal of Arid Land,2015,7(2):272-284.

[185] Berry J A,Downton W J S. Environmental regulation of photosynthesis // Govind J. Photosynthesis (Vol Ⅱ)[M]. New York:Academic Press,1982:263-343.

[186] Bezborodov G A,Shadmanov D K,Mirhashimov R T,et al. Mulching and water quality effects on soil salinity and sodicity dynamics and cotton productivity in Central Asia [J]. Agriculture,Ecosystems & Environment,2010,138(1-2):95-102.

[187] Bhattarai S P,Midmore D J,Pendergast L. Yield,water-use efficiencies and root distribution of soybean,chickpea and pumpkin under different subsurface drip irrigation depths and oxygation treatments in vertisols[J]. Irrigation Science,2008,26:439-450.

[188] Bilger W,Björkman O. Role of the xanthophylls cycle in photoprotection elucidated by measurements of light-induced absorbance changes,fluorescence and photosynthesis in Hedera canariensis [J]. Photosynth Res,1990,25:173-185.

[189] Biswal B. Carotenoid catabolism during leaf senescence and its control by light[J]. Journal of Photochemistry and Photobiology B:Biology,1995,30(1):3-13

[190] Bodner G,Nakhforoosh A,Kaul H P. Management of crop water under drought:a review [J]. Agronomy for Sustainable Development,2015,35(2):401-442.

[191] Boussadia O,Mariem F B,Mechri B,et al. Response to drought of two olive tree cultivars (cv Koroneki and Meski) [J]. Scientia Horticulturae,2008,116(4):388-393.

[192] Braunack M V,Johnston D B,Price J,et al. Soil temperature and soil water potential under thin oxodegradable plastic film impact on cotton crop establishment and yield[J]. Field Crops Research,2015,184:91-103.

[193] Bu L D,Zhu L,Liu J L,et al. Source-sink capacity responsible for highermaize yield with removal of plastic film [J]. Agronomy Journal,2013,105(3):591-598.

[194] Buttar G S,Thind H S,Aujla M S. Effect of re-scheduling of initial and last irrigation on root growth,soil water extraction,yield and water use in cotton (Gossypium hirsutum)[J]. The Indian Journal of Agricultural Sciences,2009,79(6):454-457.

[195] Cao B,Ma Q,Zhao Q,et al. Effects of silicon on absorbed light allocation,antioxidant enzymes and ultrastructure of chloroplasts in tomato leaves under simulated drought stress[J]. Scientia Horticulturae,2015,194:53-62.

[196] Carmi A,Plaut Z,Heuer B,et al. Establishment of shallow and restricted root systems in cotton and its impact on plant response to irrigation[J]. Irrigation Science,1992,13:87-91.

[197] Carmi A,Plaut Z,Sinai M. Cotton root growth as affected by changes in soil water distribution and their impact on plant tolerance to drought[J]. Irrigation Science,1993,13:177-182.

[198] Croft S A,Hodge A,Pitchford J W. Optimal root proliferation strategies:the roles of nutrient heterogeneity,competition and mycorrhizal networks [J]. Plant and Soil,2012,351 (1-2):191-206.

[199] Dagdelen N,Yılmaz E,Sezgin F,et al. Water-yield relation and water use efficiency of cotton (Gossypium hirsutum L.) and second crop corn (Zea mays L.) in western Turkey[J]. Agricultural Water Management,2006,82(1-2):63-85.

[200] De Souza E R,Montenegro A A de A,Montenegro S M G,et al. Temporal stability of soil mois-

ture in irrigated carrot crops in Northeast Brazil[J]. Agricultural Water Management,2011,99 (1):26-32.

[201] Deeba F,Pandey A K,Ranjan S,*et al*. Physiological and proteomic responses of cotton (*Gossypium herbaceum* L.) to drought stress[J]. Plant Physiology and Biochemistry,2012,53:6-18.

[202] Demmig-Adams B,Adams III W W,Barker D H,*et al*. Using chlorophyll fluorescence to assess the fraction of absorbed light allocated to thermal dissipation of excess excitation[J]. Physiologia-Plant arum,1996,98(2):253-264.

[203] Eilers P H C,Peeters J C H. A model for the relationship between light intensity and the rate of photosynthesis in phytoplankton[J]. Ecological Modelling,1988,42:199-215.

[204] Farquhar G D,Sharkey T D. Stomatal conductance and photosynthesis[J]. Annual Review of Plant Physiology and Plant Molecular Biology,1982,33:317-345.

[205] Farrell A D,Gilliland T J. Yield and quality of forage maize grown under marginal climatic conditions in Northern lreland [J]. Grass alld Forage Science,2011,66:214-223.

[206] Feng L,Dai J,Tian L,*et al*. Review of the technology for high-yielding and efficient cotton cultivation in the northwest inland cotton-growing region of China[J]. Field Crops Research,2017, 208:18-26.

[207] Filipović V,Romić D,Romić M,*et al*. Plastic mulch and nitrogen fertigation in growing vegetables modify soil temperature,water and nitrate dynamics:Experimental results and a modeling study [J]. Agricultural Water Management,2016,176:100-110.

[208] Gameiro C,Utkin A B,Cartaxana P,*et al*. The use of laser induced chlorophyll fluorescence (LIF) as a fast and non destructive method to investigate water deficit in Arabidopsis[J]. Agricultural Water Management,2016,164:127-136.

[209] Genty B,Briantais J M,Baker N R. The relationship between the quantum yield of photosynthetic electron transport and quenching of chlorophyll fluorescence[J]. Biochimica et Biophysica Acta (BBA) - General Subjects,1989,990:87-92.

[210] Gleason S M,Wiggans D R,Bliss C A,*et al*. Coordinated decline in photosynthesis and hydraulic conductance during drought stress in *Zea mays*[J]. Flora,2017,227:1-9.

[211] Hanson B R,Hutmacher R B,May D M. Drip irrigation of tomato and cotton under shallow saline ground water conditions[J]. Irrigation and Drainage Systems,2006,20(2):155-175.

[212] Hodge A. The plastic plant:root responses to heterogeneous supplies of nutrients [J]. New Phytol,2004,162:9-24.

[213] Hou F Y,Li A X,Zhang L M,*et al*. Effect of plastic mulching on the photosynthetic capacity,endogenous hormones and root yield of summer-sown sweet potato (*Ipomoea batatas* (L).Lam.) in Northern China[J]. Acta Physiologiae Plant,2015,37(8):1-10.

[214] Hu X T,Chen H,Wang J,*et al*. Effects of soil water content on cotton root growth and distribution under mulched drip irrigation[J]. Agricultural Sciences in China,2009,8(6):709-716.

[215] Jiang G M,Li Y N,Liu F,*et al*. Effects of soil moisture level and film mulch removal period on water use efficiency and physiological properties of maize (*Zea mays* L.)[J]. Journal of Food, Agriculture & Environment ,2012,10(3&4):695-700.

[216] Jin X,An T,Gall A R,*et al*. Enhanced conversion of newly-added maize straw to soil microbial biomass C under plastic film mulching and organic manure management[J]. Geoderma,2018,313: 154-162.

[217]　Junior-PAM 中文操作手册[EB/OL]. [2017-4-5]. http://wenku. baidu. com/view/ 59977a1da8114431 b90dd8a6. html

[218]　Kader M A,Senge M,Mojid M A,*et al*. Mulching type-induced soil moisture and temperature regimes and water use efficiency of soybean under rain-fed condition in central Japan[J]. International Soil and Water Conservation Research,2017,5(4):302-308.

[219]　Kage H,Kochler M,Stützel H. Root growth and dry matter partitioning of cauliflower under drought stress conditions:measurement and simulation[J]. European Journal of Agronomy,2004,20(4):379-394.

[220]　Kalaji H M,Jajoo A,Oukarroum A,*et al*. Chapter 15-The Use of Chlorophyll Fluorescence Kinetics Analysis to Study the Performance of Photosynthetic Machinery in Plants//Emerging Technologies and Management of Crop Stress Tolerance[M]. San Diego,Academic Press:2014: 347-384.

[221]　Karam F,Lahoud R,Masaad R,*et al*. Water use and lint yield response of drip irrigated cotton to the length of irrigation season[J]. Agricultural Water Management,2006,85(3):287-295.

[222]　Kerbiriou P J,Stomph T J,Van Der Putten P E L,*et al*. Shoot growth,root growth and resource capture under limiting water and N supply for two cultivars of lettuce (*Lactuca sativa* L.)[J]. Plant and Soil,2013,371(1-2):281-297.

[223]　Kim H J,Lim P O,Nam H G. Molecular regulation of leaf senescence[A]. Gan S S. Senescence processed in plants[C]. Oxford:Blackwell Publishing,2007,78-88.

[224]　Kitajima M,Butler W L. Quenching of chlorophyll fluorescence and primary photochemistry in chloroplasts by dibromothymoquinone[J]. Biochimica et Biophysica Acta (BBA) - Bioenergetics, 1975,376:105-115

[225]　Klepper B. Cotton root system responses to irrigation [J]. Irrigation Science,1991,12:105-108.

[226]　Kramer D M,Johnson G,Kiirats O,*et al*. New Fluorescence Parameters for the Determination of QA Redox State and Excitation Energy Fluxes[J]. Photosynth Res,2004,79:209.

[227]　Krause G H. Photoinhibition of photosynthesis,an evaluation of damaging and protective mechanisms[J]. Physiologia Plantarum,1988,74:566-574.

[228]　Kumar S,Dey P. Effects of different mulches and irrigation methods on root growth,nutrient uptake,water-use efficiency and yield of strawberry[J]. Scientia Horticulturae,2011,127(3):318-324.

[229]　Kwabiah A B. Growth,maturity,and yield responses of silage maize (*Zea mays* L.) to hybrid, planting oate and plastic mulch[J]. Journal of New Seeds,2005,7(2):37-59.

[230]　Kwon K S,Azad M O K,Hwang J M. Mulching Methods and Removing Dates of Mulch Affects Growth and Post Harvest Quality of Garlic (*Allium sativum* L.) cv. Uiseong[J]. Korean Journal of Horticultural Science & Technology,2011,29(4):293-297.

[231]　Li F M,Guo A H,Wei H. Effects of clear plastic film mulch on yield of spring wheat[J]. Field Crops Research,1999,63:79-86.

[232]　Li F M,Song Q H,Jjemba P K,*et al*. Dynamics of soil microbial biomass C and soil fertility in cropland mulched with plastic film in a semiarid agro-ecosystem[J]. Soil Biology and Biochemistry,2004,36(11):1893-1902。

[233]　Li F M,Wang J,Xu J Z,*et al*. Productivity and soil response to plastic film mulching durations for spring wheat on entisols in the semiarid Loess Plateau of China[J]. Soil & Tillage Research,

2014,78:9-20.

[234] Li Y S,Wu L H,Zhao L M,et al. Influence of continuous plastic film mulching on yield,water use efficiency and soilproperties of rice fields under non-flooding condition[J]. Soil & Tillage Research,2007,93(2):370-378.

[235] Liu Y,Tao Y,Wan K Y,et al. Runoff and nutrient losses in citrus orchards on sloping land subjected to different surface mulching practices in the Danjiangkou Reservoir area of China[J]. Agricultural Water Management,2012,110:34-40.

[236] Luo H H,Yong H H,Zhang Y L,et al. Effects of water stress and rewatering on photosynthesis,root activity,and yield of cotton with drip irrigation under mulch[J]. Photosynthetica,2016, 54 (1):65-73.

[237] Luo H H,Zhang H Z,Han H Y,et al. Effects of water storage in deeper soil layers on growth, yield and water productivity of cotton(*Gossypium hirsutum* L.) in arid area[J]. Irrigation and Drainage,2014,63(1):59-70.

[238] Majláth I,Darko E,Palla B,et al. Reduced light and moderate water deficiency sustain nitrogen assimilation and sucrose degradation at low temperature in durum wheat[J]. Journal of Plant Physiology,2016,191:149-158.

[239] Malone S,Herbert D A,Holshouser D L. Evaluation of the lai2000 plant canopy analyzer to estimate leaf area in manually defoliated soybean[J]. Agronomy Journal,2002,94(5):1012-1019.

[240] Miao Y,Zhu Z,Guo Q,et al. Alternate wetting and drying irrigation-mediated changes in the growth,photosynthesis and yield of the medicinal plant Tulipa edulis[J]. Industrial Crops and Products,2015,66:81-88.

[241] Mills N B,Oosterhuis D M,McMichael B. Effects of early-Season adverse conditions on root development and the subsequent stress[J]. Arkansas Agricultural Experiment Station,2005,(543): 47-50.

[242] Mishra A,Salokhe V M. Rice root growth and physiological responses to SRI water management and implications for crop productivity[J]. Paddy Water Environ,2011,9:41-52.

[243] Mishra K B,Iannacone R,Petrozza A,et al. Engineered drought tolerance in tomato plants is reflected in chlorophyll fluorescence emission[J]. Plant Science,2012,182:79-86.

[244] Mishra K B,Iannacone R,Petrozza A,et al. Response of the photosynthetic apparatus of cotton (Gossypium hirsutum) to the onset of drought stress under field conditions studied by gas-exchange analysis and chlorophyll fluorescence imaging[J]. Plant Physiology and Biochemistry, 2008,46(20):189-195.

[245] Monteith J L,Scott R K,Unsworth M H. (editors). Resource capture by crops. Proceedings of the 52nd University of Nottingham Easter School,Nottingham,1994,Nottingham University Press,Loughborough,Leicestershire.

[246] Nabi G,Mullins C E. Soil temperature dependent growth of cotton seedlings before emergence [J]. Pedosphere,2008,18(1):54-59.

[247] Nankishore A,Farrell A D. The response of contrasting tomato genotypes to combined heat and drought stress[J]. Journal of Plant Physiology,2016,202:75-82.

[248] Nepomuceno A L,Osterhuis D M,Stewart J M. Physiological responses of cotton leaves and roots to water deficit induced by polyethylene glycol[J]. Environmental and Experimental Botany, 1998,40:29-41.

[249] Nkwachukwu O N, Chima C H, Ikenna A O, *et al.* Focus on potential environmental issues on plastic world towards a sustainable plastic recycling in developing countries[J]. International Journal of Industrial Chemistry, 2013, 4:34-46.

[250] Ogaya R, Peñuelas J. Comparative field study of Quercus ilex and Phillyrea latifolia: photosynthetic response to experimental drought conditions[J]. Environmental and Experimental Botany, 2003, 50(2):137-148.

[251] Olave R J, Forbes E G A, Munoz F, *et al.* Performance of Miscanthus x giganteus (Greef et Deu) established with plastic mulch and grown from a range of rhizomes sizes and densities in a cool temperate climate[J]. Field Crops Research, 2017, 210:81-90.

[252] O'Loughlin J, Finnan J, Mcdonnel K. Improving early growth in Miscanthus × giganteus crops by the application of plastic mulch film[J]. Aspects of Applied Biology, Biomass and Energy Crops V, 2015, 131:217-221.

[253] Osório M L, Breia E, Rodrigues A, *et al.* Limitations to carbon assimilation by mild drought in nectarine trees growing under field conditions[J]. Environmental and Experimental Botany, 2006, 55(3):235-247.

[254] Palta J A, Chen X, Milroy S P, *et al.* Large root systems: are they useful in adapting wheat to dry environments? [J]. Functional Plant Biology, 2011, 38(5):347-354.

[255] Palta J A, Yang J C. Crop root system behaviour and yield Preface[J]. Field Crops Research, 2014 (165):1-4.

[256] Penuelas J, Filella I, Llusia J, *et al.* Comparative field study of spring and summer leaf gas exchange and photobiology of the Mediterranean trees *Quercus ilex* and *Phi llyrea latifolia*[J]. Journal of Experiment Botany, 1998, 49 (319):229-238.

[257] Pieters A J, Souki S E. Effects of drought during grain filling on PS II activity in rice[J]. Journal of Plant Physiology, 2005, 162(8):903-911.

[258] Ralph P J, Gademann R. Rapid light curves: a powerful tool to assess photosynthetic activity[J]. Aquatic Botany, 2005, 82:222-237.

[259] Ramakrishna A, Tam H M, Wani S P, *et al.* Effect of mulch on soil temperature, moisture, weed infestation and yield of groundnut in northern Vietnam[J]. Field Crops Research, 2006, 95 (2-3): 115-125.

[260] Rao S S, Tanwar S P S, Regar P L. Effect of deficit irrigation, phosphorous inoculation and cycocel spray on root growth, seed cotton yield and water productivity of drip irrigated cotton in arid environment[J]. Agricultural Water Management, 2016, 169:14-25.

[261] Rhizopoulou S, Davies W J. Leaf and root growth dynamics in Eucalyptus globulus seedlings grown in drying soil[J]. Trees, 1993, 8:1-8.

[262] Robinson D. The responses of plants to nonuniform supplies of nutrients[J]. New Phytol, 1994, 127:635-674.

[263] Rohacek K. Chlorophyll fluorescence parameters: the definitions, photosynthetic meaning and mutual relationships[J]. Photosynthetica, 2002, 40(1):13-29.

[264] Saengwilai P, Tian X, Lynch J P. Low crown root number enhances nitrogen acquisition from low-nitrogen soils in maize [J]. Plant Physiol, 2014, 166:581-589.

[265] Sampathkumar T, Pandian B J, Mahimairaja S. Soil moisture distribution and root characters as influenced by deficit irrigation through drip system in cotton-maize cropping sequence[J]. Agri-

cultural Water Management,2012,103:43-53.

[266] Schreiber U,Klughanmer C. Non-photochemical fluorescence quenching and quantum yields in PS I and PS II:Analysis of heat-induced limitations using Maxi-Imagine-PAM and Dual-PAM-100 [J]. PAM Application Notes,2008,1:15.

[267] Schreiber U,Schliwa U,Bilger W. Continuous recording of photochemical and non-photochemical chlorophyll fluorescence quenching with a new type of modulation fluorometer[J]. Photosynth Research,1986,10:51-62.

[268] Skinner R H,Hanson J D,Benjamin J G. Root distribution following spatial separation of water and nitrogen supply in furrow irrigated corn[J]. Plant and Soil,1998,199:187-194.

[269] Snider J L,Oosterhuis D M,Collins G D,et al. Field-acclimated Gossypium hirsutum cultivars exhibit genotypic and seasonal differences in photosystem II thermostability[J]. Journal of Plant Physiology,2013,170(5):489-496.

[270] Stanislaw G,Morio I,Yasuhiro K,et al. Differences in drought tolerance between cultivars of field bean and field pea. A comparison of drought-resistant and drought-sensitive cultivars[J]. Acta Physiologiae Plantarum,1997,19(3):349-357.

[271] Steinemann S,Zeng Z H,McKay A,et al. Dynamic root responses to drought and rewatering in two wheat (Triticum aestivum) genotypes[J]. Plant and Soil,2015,391(1-2):139-152.

[272] Stone P J,Sorensen I B,Jamieson P D. Effect of soil temperature on phenology,canopy development,biomass and yield of maize in a cool-temperate climate[J]. Field Crops Research,1999,63 (2):169-178.

[273] Suralta R R,Inukai Y,Yamauchi A. Dry matter production in relation to root plastic development,oxygen transport,and water uptake of rice under transient soil moisture stresses[J]. Plant and Soil,2010,332(1-2):87-104.

[274] Tan S,Wang Q,Xu D,et al. Effects of crosslinking modes on the film forming properties of kelp mulching films[J]. Algal Research,2017,26:74-83.

[275] Tang Q Y,Zhang C X. Data Processing System (DPS) software with experimental design,statistical analysis and data mining developed for use in entomological research[J]. Insect Science,2013,20(2):254-260.

[276] Thompson R C,Swan S H,Moore C J,et al. Our plastic age[J]. Philosophical Transactions of the Royal Society,2009,364:1973-1976.

[277] Tian J,Lu S,Fan M,et al. Labile soil organic matter fractions as influenced by non-flooded mulching cultivation and cropping season in rice-wheat rotation[J]. European Journal of Soil Biology,2013,56:19-25.

[278] van Kooten O,Snel Jan F H. The use of chlorophyll fluorescence nomenclature in plant stress physiology[J]. Photosynth Res,1990,25:147-150.

[279] Vandoorne B,Mathieu A S,Van den Ende W,et al. Water stress drastically reduces root growth and inulin yield in Cichorium intybus (var. sativum) independently of photosynthesis[J]. Journal of Experimental Botany,2012,63(12):4359-4373.

[280] Wang F X,Feng S Y,Hou X Y,et al. Potato growth with and without plastic mulch in two typical regions of Northern China[J]. Field Crops Research,2009,110:123-129.

[281] Wang X K,Li Z B,Xing Y Y. Effects of mulching and nitrogen on soil temperature,water content,nitrate-N content and maize yield in the Loess Plateau of China[J]. Agricultural Water Man-

agement,2015,161:53-64.

[282] Wang Y P,Li X G,Zhu J,*et al*. Multi-site assessment of the effects of plastic-film mulch on dryland maize productivity in semiarid areas in China[J]. Agricultural and Forest Meteorology, 2016,220:160-169.

[283] Yang C M,Yang L Z,Yang Y X,*et al*. Rice root growth and nutrient uptake as influenced by organic manure in continuously and alternately flooded paddy soils [J]. Agricultural Water Management,2004,70(1):67-81.

[284] Zhang Z,Hu H,Tian F,*et al*. Soil salt distribution under mulched drip irrigation in an arid area of northwestern China[J]. Journal of Arid Environments,2017,104:23-33.

[285] Zhao C Y,Yan Y Y,Yimamu Y,*et al*. Effects of soil moisture on cotton root length density and yield under drip irrigation with plastic mulch in Aksu Oasis farmland[J]. Journal of Arid Land, 2010(4):243-249.

[286] Zhao Y,Li Y,Wang J,*et al*. Buried straw layer plus plastic mulching reduces soil salinity and increases sunflower yield in saline soils[J]. Soil and Tillage Research,2016,155:363-370.

[287] Zhou L M,Jin S L,Liu C A,*et al*. Ridge-furrow and plastic-mulching tillage enhances maize-soil interactions:Opportunities and challenges in a semiarid agroecosystem[J]. Field Crops Research, 2012,126:181-188.

[288] Zhou L M,Zhang F,Liu C A. Improved yield by harvesting water with ridges and sub grooves using buried and surface plastic mulchs in a semiarid area of China[J]. Soil & Tillage Research, 2015,150:21-29.